Reinhard Oldenburg

Mathematische Algorithmen im Unterricht

W0253678

Aus dem Programm **Mathematik**

Christoph Ableitinger
Biomathematische Modelle im Unterricht

Andreas Bartholomé, Josef Rung und Hans Kern
Zahlentheorie für Einsteiger

Matthias Bernhard und Christian Wesselsky
ClassPad im Mathematikunterricht

Andreas Eichler und Markus Vogel
Leitidee Daten und Zufall

Gerd Fischer
Lernbuch Lineare Algebra und Analytische Geometrie

Hans-Joachim Gorski und Susanne Müller-Philipp
Leitfaden Arithmetik

Norbert Henze
Stochastik für Einsteiger

Arnfried Kemnitz
Mathematik zum Studienbeginn

Susanne Müller-Philipp und Hans-Joachim Gorski
Leitfaden Geometrie

Manfred Nitzsche
Graphen für Einsteiger

www.viewegteubner.de

Reinhard Oldenburg

Mathematische Algorithmen im Unterricht

Mathematik aktiv erleben durch Programmieren

STUDIUM

Bibliografische Information der Deutschen Nationalbibliothek
Die Deutsche Nationalbibliothek verzeichnet diese Publikation in der
Deutschen Nationalbibliografie; detaillierte bibliografische Daten sind im Internet über
<http://dnb.d-nb.de> abrufbar.

Prof. Dr. Reinhard Oldenburg
Goethe-Universität Frankfurt/Main
Institut für Didaktik der Mathematik und der Informatik
Senckenberganlage 9
60325 Frankfurt

oldenbur@math.uni-frankfurt.de

1. Auflage 2011

Alle Rechte vorbehalten
© Vieweg+Teubner Verlag | Springer Fachmedien Wiesbaden GmbH 2011

Lektorat: Ulrike Schmickler-Hirzebruch | Barbara Gerlach

Vieweg+Teubner Verlag ist eine Marke von Springer Fachmedien.
Springer Fachmedien ist Teil der Fachverlagsgruppe Springer Science+Business Media.
www.viewegteubner.de

Das Werk einschließlich aller seiner Teile ist urheberrechtlich geschützt. Jede Verwertung außerhalb der engen Grenzen des Urheberrechtsgesetzes ist ohne Zustimmung des Verlags unzulässig und strafbar. Das gilt insbesondere für Vervielfältigungen, Übersetzungen, Mikroverfilmungen und die Einspeicherung und Verarbeitung in elektronischen Systemen.

Die Wiedergabe von Gebrauchsnamen, Handelsnamen, Warenbezeichnungen usw. in diesem Werk berechtigt auch ohne besondere Kennzeichnung nicht zu der Annahme, dass solche Namen im Sinne der Warenzeichen- und Markenschutz-Gesetzgebung als frei zu betrachten wären und daher von jedermann benutzt werden dürften.

Umschlaggestaltung: KünkelLopka Medienentwicklung, Heidelberg
Textlayout: Ivonne Domnick, Köln
Druck und buchbinderische Verarbeitung: AZ Druck und Datentechnik, Berlin
Gedruckt auf säurefreiem und chlorfrei gebleichtem Papier

ISBN 978-3-8348-1725-9

Vorwort

Programmieren in der Mathematik ist ein Thema mit viel Potenzial. Im Grenzgebiet von Mathematik und Informatik erblühen neue Studiengänge mit Titeln wie »Computational Mathematics« oder »Scientific Computation«. Das liegt daran, dass Mathematik und Computer ein ideales Gespann sind: Computer setzen in der Mathematik entwickelte Verfahren um, machen sie damit zugänglich und das führt zu neuen Anwendungen und neuen Fragen, die auch die Theorieentwicklung weiter vorantreiben. Lehramtsstudierende sollten einen elementaren Einblick in diese Welt erhalten, um ihr mathematisches Weltbild abzurunden.
Leider spielen Algorithmen im gegenwärtigen Mathematikunterricht nur eine marginale Rolle, aber es gibt durchaus Gründe, auch in der Schule zu programmieren – dieses Thema wird in Kapitel 1 vertieft.

Das vorliegende Buch verfolgt das Ziel, Lehramtsstudierenden einen Einblick in die prozessbezogene Kompetenz des Programmierens zu geben und damit nützliche und schöne Inhalte der Mathematik umzusetzen.

Bei der Realisierung dieses Buchprojektes habe ich viel Unterstützung erfahren. Zunächst gilt mein Dank den Studierenden, die die Vorabversionen durchgearbeitet haben, dann den Mitarbeitern im Frankfurter Institut für Didaktik der Mathematik und Informatik Magnus Rabel, Jan Schuster und vor allem Dr. Jürgen Poloczek, dem Vieweg+Teubner Verlag und vor allem Frau Schmickler-Hirzebruch für vielfältige Unterstützung bei der Realisierung des Projektes, schließlich meiner Familie, die auf so manche Stunde meiner Anwesenheit verzichten musste.

Dem Leser oder der Leserin wünsche ich eine anregende Entdeckungsreise in die Welt der automatisierbaren Mathematik.

Hinweise für den Leser und die Leserin

Der vorliegende Text ist für Lehramtsstudierende geschrieben. Die Auswahl der Themen und die Sequenzierung sind dem angepasst. Das muss nicht heißen, dass all das in der Schule behandelt werden sollte. Gleichwohl erscheint es möglich, sehr viel von diesen Inhalten – entsprechend aufbereitet – mit Schülern zu bearbeiten. Auch die anspruchsvollsten ausgewählten Themen übersteigen nicht ein gewisses Niveau, das zumindest in Facharbeiten behandelt werden kann.

Lernen durch Instruktion funktioniert, kann aber die eigenständige Beschäftigung mit dem Gegenstand nicht ersetzen. Diese universelle Behauptung über das Lernen trifft auch und in besonderem Maße auf das Lernen des Programmierens zu. Es ist daher essenziell, dass Sie die Beispiele nachvollziehen bzw. »nachprogrammieren« und in möglichst vielfältiger Form variieren und erweitern, auch da, wo dies nicht durch eine Übungsaufgabe explizit gefordert wird.

Wie bei der Schriftsprache kann man auch beim Erlernen einer Programmiersprache zwischen Lesen und Schreiben unterscheiden. Das Lesen ist einfacher und doch sollten beide Fähigkeiten nicht voneinander getrennt werden. Dieses Buch enthält viel Programmcode in der Absicht, dass er gelesen, ausgeführt und verstanden wird. Das Lesen und Hinschreiben von symbolischen Repräsentationen fördert das Lernen.
Ein-und Ausgaben von Python sind in `Courier` gesetzt. Ergänzende Informationen, die weniger wichtig sind, sind eingerückt und in kleinerer Schrift gesetzt.

Einige Textstellen erfüllen besonders wichtige Funktionen und sind deswegen durch ein Symbol hervorgehoben:

Achtung:
Hier stehen Hinweise auf typische Fehler und Missverständnisse.

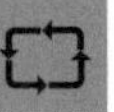

Strategie:
Während die elementaren Bausteine von Algorithmen verhältnismäßig einfach zu verstehen sind, erfordern größere Problemlösungen ein strategisches Vorgehen. An den so gekennzeichneten Stellen findet man Beispiele und allgemeine Überlegungen dazu.

Prototyp:
Beim Programmieren stellen sich bestimmte Teilprobleme immer wieder. Es ist daher sinnvoll, sich prototypische Lösungen klar zu machen, so dass man sie in den jeweiligen Situationen schnell anwenden kann.

Modellvorstellung:
Um die Arbeitsweise des Computers und der von ihm ausgeführten Programme zu verstehen, braucht man mentale Modellvorstellungen, die die Bedeutung bestimmter Konzepte klar machen. An den so gekennzeichneten Stellen werden solche Vorstellungen vermittelt.

In diesem Text ist immer von Schülern und Lehrern die Rede, obwohl überall beide Geschlechter gemeint sind.

Inhaltsverzeichnis

Kapitel 1: Didaktische Ziele

Algorithmen sind eine fundamentale Idee der Mathematik [Tietze et al. 2000]. Das bedeutet, dass die Idee mathematische Kenntnisse in Form von Verfahren zu kondensieren mit denen man in der Lage ist eine Vielzahl von Fragestellungen systematisch zu bearbeiten, zum Wesen der Mathematik gehört. Sie ist in der Geschichte der Mathematik vielfältig nachweisbar: Schon in der Antike waren viele Rechenalgorithmen bekannt – der prominenteste Algorithmus ist vielleicht der nach Euklid benannte, mit dem der größte gemeinsame Teiler zweier Zahlen ermittelt werden kann. Algorithmen findet man aber nicht nur im Bereich des Rechnens: Auch geometrische Konstruktionsvorschriften können als Algorithmen aufgefasst werden und spätestens seitdem fast alle Gebiete der Mathematik (inkl. Geometrie und Topologie) stark algebraisch durchdrungen sind, ist die Algorithmisierung überall präsent und konkrete Realisierungen mathematischer Algorithmen haben ebenso unser gesamtes Leben durchdrungen wie die elektronischen Geräte, in denen sie implementiert sind.

Die Geschichte zeigt, dass sich Menschen auch ohne Computer mit mathematischen Algorithmen beschäftigt haben. Die Existenz von Computern hat das Ausführen der Algorithmen allerdings derart erleichtert und beschleunigt, dass auch jeder Mathematik Lernende in der Lage ist, komplexe Rechnungen automatisiert ablaufen zu lassen. Die Entwicklung hat Algorithmen leicht zugänglich gemacht und so zu einer explosionsartigen Verbreitung geführt. Das Charakteristikum der Algorithmen – Problemlösungen zu automatisieren – macht sie aber auch im Alltag fast unsichtbar. Wer bei einem mit der Digitalkamera aufgenommenen Bild die Helligkeit reduziert, wird sich kaum klar machen, welche Algorithmen dabei ausgeführt werden. Die aufklärerische Zielsetzung der Didaktik lässt es daher sinnvoll erscheinen, sich aus didaktischer Perspektive mit Algorithmen zu beschäftigen. Damit Lehramtsstudierende ein angemessenes Bild der Mathematik entwickeln und weitergeben können, müssen Sie diesen Wesenszug in Grundlinien kennen und sich exemplarisch mit einigen Anwendungen algorithmischer Mathematik beschäftigt haben. Was das weiter für die Schule bedeutet, wird noch genauer diskutiert, nachdem die Grundbegriffe beleuchtet wurden.

Algorithmen

Algorithmen sind eindeutige und endliche Handlungsvorschriften. Diese Definition zeigt, dass es auch jenseits von Mathematik und Informatik Algorithmen gibt. Die Wahl des Bundespräsidenten oder der Bundespräsidentin ist gesetzlich genau geregelt, von der Zusammensetzung der Bundesversammlung über die Ermittlung der nötigen

Stimmenzahl und der Notwendigkeit mehrerer Wahlgänge. Formal ganz ähnlich, nur weniger wichtig, ist in vielen Brettspielanleitungen genau geregelt, wie die Punktsumme der Spieler zu ermitteln ist.

Eine eindeutige Definition lässt keinen Platz für Willkür (es sei denn, dieser ist explizit eingeräumt, wie in »Wähle eine Zufallszahl«). Die Endlichkeit bedeutet, dass der vollständige Algorithmus nur aus endlich vielen Teilanweisungen bestehen darf, der Algorithmus muss sich also vollständig auf einer bestimmten (evtl.) großen Menge Papier aufschreiben oder in endlicher Zeit mündlich beschreiben lassen. Damit ist auch schon angesprochen, dass Algorithmen unterschiedlich dargestellt werden können. Neben sprachlichen Mitteln sind insbesondere grafische Darstellungen wie Ablaufdiagramme oder Struktogramme beliebt.

Algorithmen regeln einen Ablauf, aber sie sind mehr als nur eine Sammlung von Regeln. Eine Menge von Regeln bestimmt ein Kalkül. Beispielsweise bilden die Axiome der Algebra (Kommutativitätsgesetz, Assoziativitätsgesetz usw.) das Kalkül der Algebra. Damit wird aber nur geregelt, welche Operationen möglich sind, es wird aber nicht vorgeschrieben, in welcher Reihenfolge sie durchzuführen sind. Ein Algorithmus gibt das genau an und führt so bei gleichen Eingaben auch immer zum gleichen Ergebnis. Bei der Entwicklung, Implementierung und Bewertung von Algorithmen hat man es mit den folgenden Fragen zu tun:

- Welches Problem wird durch den Algorithmus gelöst? Beispiel: Den größten gemeinsamen Teiler zweier Zahlen bestimmen.
- Welche Struktur und Eigenschaften haben die Eingaben? Im Beispiel: Zwei Zahlen.
- Gibt es unzulässige Eingaben? Im Beispiel: Es muss sich um ganze Zahlen handeln.
- Wie sind die genauen Schritte der Ausführung, was ist der eigentliche Kern des Algorithmus?
- Welche Ausgabe wird produziert? Welche Eigenschaft hat die Ausgabe? Ist der Algorithmus korrekt? Im Beispiel: Es wird eine natürliche Zahl ausgegeben, die beide Eingabezahlen teilt, und es gibt keine Zahl, die beide Eingaben teilt und größer ist.
- Wie schnell ist der Algorithmus: Wie viele Schritte werden – in Abhängigkeit von den Eingaben – gebraucht, um zu einer Lösung zu kommen?

Was ist Programmieren?

Programmieren ist eine Tätigkeit: Der Programmierer erstellt ein Programm, das einem Computer sagt, was er tun soll. Programme können bestimmte Aufgaben lösen, indem sie Algorithmen ausführen und in diesem Sinne ist Programmieren eine Lehrtätigkeit, freilich eine, bei der die »lernende Maschine« ganz andere Charakteristika hat als ein Mensch.

In aller Regel ist es nicht offensichtlich, wie man einen Computer dazu bringt, eine bestimme Aufgabe zu erfüllen. Deswegen ist Programmieren fast immer Problemlösen, also das Überwinden einer Hürde. In einigen einfachen Fällen mag der Programmierer nicht in diesem Sinne vor einer Hürde stehen, weil er passende Algorithmen kennt, dann spricht man oft statt von Programmierung nur von Codierung, d.h. ein bekanntes Problemlöseverfahren oder ein bekannter Algorithmus muss nur in maschinenverständlicher Form aufgeschrieben werden. Allerdings wird das Programmieren nur bei erfahrenen Programmierern und nur bei einfachen Aufgaben derart zur Routineaufgabe.

Programme werden in Programmiersprachen formuliert. Das sind künstliche Sprachen, die es mit verschiedenen Sprachmitteln erlauben, bestimmte einfache Dinge zu tun (Befehle ausführen, Funktionen berechnen, Werte vergleichen etc.) und diese Dinge zu komplexeren Gebilden zusammenzusetzen. Ein und derselbe Computer kann mit vielen verschiedenen Programmiersprachen programmiert werden. Dazu gibt es Hilfsmittel (Compiler, Interpreter), die die jeweilige Sprache so übersetzen, dass sie von der Hardware des Computers korrekt ausgeführt werden kann. Von all diesen Dingen werden wir in der Darstellung in diesem Text aber absehen: Wir arbeiten nur mit einer Programmiersprache und die Details, wie diese auf der Maschine ausgeführt wird, bleiben soweit wie möglich verborgen.

Als ganz einfaches – und nicht sehr interessantes – erstes Beispiel eines Programms folgt folgende Berechnung des Bruttopreises einer Ware:

```
Nettopreis=1500
Bruttopreis=Nettopreis+0.19*Nettopreis
print (Bruttopreis)
```

Wenn dieses Programm ausgeführt wird, berechnet es den Bruttopreis und gibt ihn aus. Wie das genau geht, insbesondere wofür die Gleichheitszeichen hier stehen, wird später erklärt, es ist nur wichtig zu verstehen, dass Programmieren (in aller Regel) bedeutet, dass man einen Text schreibt, der ein Verfahren zur Lösung eines bestimmte Problems beschreibt.

Geschichte: Logo, Basic

Es gibt viele verschiedene Programmiersprachen: Historisch waren Fortran, Lisp, Algol, Cobol, Basic, Logo, Pascal und C sehr wichtig, heute sind eher C++, Java, Python, PHP und Ruby en vogue. Obwohl es hier, wie in der ganzen Informatik, eine schnelle Entwicklung gibt, kann man auch beobachten, dass eine Reihe grundlegender Konzepte sich als stabil erweisen. In diesem Text wird dem Rechnung getragen, so dass davon ausgegangen werden kann, dass die vermittelten Konzepte dauerhaft relevant bleiben werden.
Im Mathematikunterricht haben bisher vor allem zwei Programmiersprachen und darauf aufbauende Konzepte (die beide in diesem Text auch berücksichtigt werden) eine Rolle

gespielt: In den 80er-Jahren enthielten eine Reihe von Schulbüchern kleine Programme in Basic mit denen z.B. Näherungswerte für Quadratwurzeln bestimmt wurden oder die Werte von Binomialkoeffizienten berechnet wurden. Eine andere Traditionslinie setzte auf die Programmiersprache Logo und die mit ihr erfundene Turtlegrafik (auch Igelgrafik, siehe Kapitel 4). Es gibt eine Vielzahl empirischer Belege, dass sich durch die Verwendung von Logo die mathematischen Fähigkeiten (insbesondere in der Geometrie) verbesserten (siehe z.B. den Überblick in Heid&Blume 2008, Bd. I, S. 109ff).
Drei weitere technische Entwicklungen haben Aspekte des Programmierens in die Schulen gebracht:

- Tabellenkalkulationsprogramme sind so nützlich innerhalb und außerhalb des Mathematikunterrichts, dass ihre Verwendung in vielen Bundesländern in den Lehrplänen vorgeschrieben ist. Das Erstellen einer Kalkulation in einem solchen Programm ist aber eine Form des Programmierens (Gieding 2003).
- Das Erstellen einer Konstruktion in einem Dynamischen Geometrieprogramm ist wiederum äquivalent zur Erstellung einer speziellen Tabelle in einem Tabellenkalkulationsprogramm (Oldenburg 2008). Die Möglichkeit, Makros zu definieren, stellt eine weitere Umsetzung eines Konzeptes aus Programmiersprachen dar.
- Alle üblichen Computeralgebrasysteme (Derive, Maxima, Maple, Mathematica, TInspireCAS, ClassPAD usw.) enthalten Programmiersprachen und ihr Nutzen ist besonders hoch, wenn man die Automatisierung von Vorgängen durch Programmierung nutzt. Insbesondere Eberhard Lehmann hat in zahlreichen Publikationen (z.B. Lehmann 2003) gezeigt, wie man dies verwenden kann, um die Mathematik zu strukturieren, in dem die Schüler mathematische Objekte als Bausteine definieren und diese zusammensetzen.

Trotzdem wird gegenwärtig im Mathematikunterricht fast nicht programmiert: Tabellenkalkulation wird benutzt, aber so, dass die Konzepte des Programmierens dabei implizit bleiben. Bei den Computeralgebrasystemen geht der Trend zu solchen, die möglichst viele Operationen über Menüs und das Auswählen von Termen mit der Maus ermöglichen, so dass der Druck zum Programmieren geringer wird. Bei den dynamischen Geometrieprogrammen schließlich gibt es mittlerweile kaum noch eine Funktionalität, die über ein Makro realisiert werden müsste.

Von diesen Anwendungen geht daher kein Druck aus, das Programmieren explizit zum Thema zu machen. Zwar könnte man dann Gemeinsamkeiten sehen und analoge Fehler in den verschiedenen Umgebungen erkennen (und so hoffentlich vermeiden), aber die traditionellen Ziele des Mathematikunterrichts erreicht man auch ohne diese Neuerungen. Computer können also als Lernwerkzeuge den Mathematikunterricht unterstützen, ohne dass man sich Gedanken über die Programmierung machen müsste. In der Folge räumen aktuelle Lehrpläne und Bildungsstandards dem Programmieren keinen Raum ein und die Kultusministerkonferenz hat den Begriff des Algorithmus in den Bildungsstandards ganz klein geschrieben.

Ziele dieses Textes

Die Legitimation des vorliegenden Textes könnte angesichts dieser Ausführungen auf die eingangs genannte Funktion der Weltbild-Bildung der Lehramtsstudierenden reduziert werden. Es gibt aber noch weitere Argumente, die beachtet werden sollten:

- Programmieren ist auch für Schüler nützlich. Die Entwicklung und Reflexion von Algorithmen ist ein anspruchsvolles und lohnendes Ziel. Dies ist nicht zu verwechseln mit dem Abspulen von Algorithmen durch Schüler wie es z.B. an einer sinnentleerten Kurvendiskussion häufig zu Recht kritisiert wird. Im Gegenteil, es gibt Hinweise darauf, dass das Programmieren auch originär mathematische Fähigkeiten schult. Wenn auch aktuell längst nicht alle Schüler und Schülerinnen im Mathematikunterricht programmieren, so kann man doch hoffen, dass z.B. durch AGs einige in diese Gedankenwelt eindringen können.
- Als spezielle Form des Problemlösens ist Programmieren eine in sich lohnende Form der Interaktion mit Mathematik.
- Im Informatikunterricht kommen aktuell kaum mathematische Fragestellungen vor. Das kann als eine Überreaktion nach anfänglicher Dominanz einfacher, manchmal sogar trivialer mathematischer Programme gedeutet werden.

Deswegen wird im Folgenden diskutiert, ob, warum und in welcher Form das Programmieren in der Schule in Zukunft verstärkt betrieben werden sollte.

Ziele des Programmierens in der Schule

Programmieren kann vor allem auch durch Ziele legitimiert werden, die über die traditionellen Ziele des Mathematikunterrichts hinausgehen. So ähnlich wie Heinrich Winter in Bezug auf das Sachrechnen drei Funktionen unterschieden hat (Lernstoff, Lernprinzip, Lernziel), kann man beim Programmieren vereinfachend unterscheiden:

- Programmieren als Lernziel: Schüler sollen lernen, möglichst viele Probleme algorithmisch zu lösen. Dadurch erweitern sie ihr Methodenrepertoire im Problemlösen und sie erkennen, welche Vielzahl von Fragestellungen sich mit Computern bearbeiten lassen. Gleichzeitig werden viele »Wunder der modernen Welt« demystifiziert.
- Programmieren als Lernprinzip: Beim Programmieren merkt man oft, dass bestimmte Eigenschaften relevant sind und kann daraus Begriffe entwickeln, die auch jenseits des Programmierens relevant sind. Entsprechend können mathematische Sätze und Sachverhalte experimentell gefunden werden.

Bemerkenswert ist auch, dass sich im Programmieren die Kompetenzen der KMK bündeln:

- Mathematische Probleme zu lösen.
- Mathematische Darstellungen zu verwenden: Es wird sich zeigen, dass sich viele mathematische Konzepte auf Programmstrukturen abbilden lassen.
- Mathematisch zu argumentieren: Die Korrektheit (oder auch Unkorrektheit) der Programme zur mathematischen Berechnung muss immer wieder (sich selbst, Mitschülern, der Lehrkraft) erklärt werden.
- Mathematisch zu modellieren: Im Laufe des Textes werden viele inner- wie außermathematische Situationen mit den Mitteln des Computers beschrieben (modelliert) und die Ergebnisse werden wieder interpretiert.
- »Mit symbolischen, formalen und technischen Elementen der Mathematik umzugehen« ist beim Programmieren offensichtlich gegeben.
- Schließlich regen Programme zum Kommunizieren mit Menschen an, auch wenn sie primär der Kommunikation mit einer Maschine dienen.

Obwohl in vielen Katalogen fundamentaler Ideen der Mathematik der Begriff »Algorithmus« enthalten ist, wurde keine entsprechende Leitidee in die KMK-Bildungsstandards aufgenommen. Dies finde ich unverständlich, auch wenn ich der verbreiteten Kritik, in unserem Mathematikunterricht nähmen die Algorithmen einen zu großen Raum ein, durchaus zustimme: Das Problem sind nicht die Algorithmen an sich, sondern dass sich der Unterricht teilweise darin erschöpft, Algorithmen abarbeiten zu lassen. Schüler sollten Algorithmen nicht abarbeiten (dazu gibt es Computer), sondern Algorithmen entwickeln, bewerten, hinterfragen. In diesem Sinne verstehe ich auch Freudenthals Mahnung: »Wenn unser Unterricht heute darin besteht, dass wir Kindern Dinge eintrichtern, die in einem oder zwei Jahrzehnten besser von Rechenmaschinen erledigt werden, beschwören wir Katastrophen herauf.« (*Mathematik als Pädagogische Aufgabe* 1973, Bd 1, S.61).

Programmieren in der Praxis

Gelegentlich findet man die Auffassung, Programmieren sei eine Spezialistentätigkeit (eine Übersicht über die Argumente in dieser Diskussion gibt Hubwieser 2007), die für die breite Masse der Computeranwender nicht relevant sei. Das mag für etliche Berufe auch gelten, aber sicher nicht für alle. Da es nach verbreiteter Auffassung in Deutschland zu wenig Ingenieure gibt, erlaube ich mir an dieser Stelle, die Frage auf diese Berufsgruppe hin spezifiziert zu betrachten.

Ingenieure verwenden viel Mathematik und häufig ist diese in fertige Programme verpackt, beispielsweise in Finite-Elemente-Programme mit denen der Druck und die Temperatur in Bauteilen in Anwendungssituationen simuliert werden können. Die ist oft auf den ersten Blick ohne Programmierkenntnisse möglich. Allerdings zeigen Interviews, die ich mit Ingenieuren geführt habe, dass praktisch alle dennoch programmieren, weil die jeweiligen Spezialfragen nicht von fertigen Programmen abgedeckt werden, oder weil z.B. eine ganze Sequenz dieser Simulationen für eine Vielzahl von Werkstücken durchgeführt werden sollen. Solche automatisierten Auswertungen werden dann nicht mehr von den Programmen selbst abgedeckt, sondern müssen auf höherer Ebene programmiert werden.

Natürlich ist es nicht Aufgabe einer allgemeinbildenden Schule, Fachwissen bestimmter Berufe vorab zu vermitteln, aber umgekehrt erfüllt die Schule ihre gesamtgesellschaftliche Aufgabe nur, wenn diese u.a. von ingenieurwissenschaftlichen Berufen ein adäquates Bild zeichnet und zumindest einigen Schülern das Gefühl vermittelt, sich in diesem Feld schon in der Schule erfolgreich erprobt zu haben, so dass ein entsprechendes Studium in Erwägung gezogen wird.

Empirische Befunde zum Programmieren

Das Programmieren geometrischer Formen insbesondere mit der sogenannten Turtlegrafik sind empirisch gut untersucht und die Zusammenschau der Ergebnisse in Heid&Blume [2008] belegt einen Lerneffekt. Im Gegensatz zur Lage bei der Geometrie gibt es nicht viele Studien, die die Auswirkungen des Programmierens auf das Erlernen der Algebra untersuchen. Bemerkenswert ist die Arbeit von Tall und Thomas [1991] zur Förderung des algebraischen Verständnisses von 12-jährigen Schülern durch die Arbeit mit einfachen Programmsequenzen (in Basic) wie der folgenden:

```
A=3
B=A+1
PRINT B
```

Als Ergebnis wird 4 ausgegeben. Das ist nicht spannend, kann aber mit beliebig großen Zahlen wiederholt werden und interessant sind auch Varianten mit zwei Variablen, z.B. um die Werte der Terme 2*A+3*A und 5*A zu vergleichen. Tall&Thomas konnten zeigen, dass die Schülergruppe, die derart gearbeitet hatte, in einem Standard-Test zur Algebra langfristig besser abschnitt als Vergleichsschüler, die konventionellen Algebraunterricht hatten.

Die Autoren Ekenstam und Greger [Ekenstam & Greger 1989] ziehen bei einer ähnlichen Studie ein zurückhaltendes Fazit. In ihrem verständnisorientierten Algebratest schnitten Schüler, die an einer Programmiereinheit teilgenommen hatten, in 7 von 11 Testitems besser ab als konventionelle Schüler, aber davon waren nur zwei Bereiche auf dem 1%-Niveau signifikant. Insgesamt lösten die Schüler mit Programmierkurs 46% der Aufgaben korrekt, diejenigen ohne einen solchen Kurs 41%. Dass Ekenstam und Greger letztlich von enttäuschten Erwartungen sprechen, mag an der Höhe der Erwartungen liegen. Der Test enthält auch Items, die traditionell unterrichtete Schüler tendenziell bevorzugen, beispielsweise zur Interpretation von Bruchtermen, die in dieser Schreibweise, etwa $\frac{1}{2a}$, in der verwendeten Programmiersprache nicht vorkommen.

Des Weiteren gibt es einige Studien im Umfeld der Programmiersprache Logo. Eine Zusammenfassung findet sich in Stacey et al. Rosamund Sutherland [Sutherland 1989] hat festgehalten: »The overall conclusion is that LOGO (eine Programmiersprache, R.O.) experience does enhance pupils‘ understanding of variable in an algebra context, but the links which pupils make between variable in Logo and variable in algebra depend very much on the nature and extent of their Logo experience.« Dieses Zitat macht einerseits deutlich, dass man sich vom Programmieren einen positiven Effekt auf das Algebraverständnis erhoffen kann, dass aber andererseits Programmierunterricht nicht automatisch Algebraunterricht ist.

Handlungsorientierung

Programmieren ermöglicht handlungsorientierten Unterricht. Nach einer gewissen Lernphase können Schüler eigene Ideen ausdrücken und sie erstellen eigene Produkte, die manchmal nützliche, manchmal schöne Dinge bewirken können. Die Beispiele in diesem Buch sollen zeigen, dass sich schon mit recht wenigen Konstrukten einer Programmiersprache ansehnliche Dinge umsetzen lassen. Der Informatikunterricht ist sehr erfolgreich darin, die Projektmethode zu einer zentralen Lehrform zu machen und von diesem Modell kann der Mathematikunterricht profitieren.

Zwischenfazit

Die obigen Abschnitte diskutieren aus verschiedenen Perspektiven, warum im Mathematikunterricht Programmieren sinnvoll sein könnte, und begründen damit aus meiner Sicht, dass sich Lehramtsstudierende mit dem Thema befassen sollten. Damit wechselt die Frage jetzt vom »Warum« zum »Wie«.

Das vorliegende Buch ist kein Schulbuch, es wendet sich an Lehramtsstudierende der Mathematik und der Informatik. Die erste Gruppe soll Programmieren anhand von mathematisch relevanten Fragen lernen, die zweite soll mathematische Anwendungen des Programmierens kennen lernen. Der Text ist deswegen auch keine Didaktik des Programmierens, auch wenn gelegentlich didaktische Überlegungen (wie in diesem Kapitel) angestellt und eine didaktisch orientierte Metabetrachtung der Entwicklung vorgenommen wird.

Die Wahl der Sprache Python

Es gibt hunderte von Programmiersprachen und darüber, welche die beste und richtige sei, gibt es viele Glaubenskämpfe, die in den Foren des Internets ausgetragen werden. In diesem Skript wird Python verwendet, nicht, weil ich sie für die beste Sprache halte (da favorisiere ich eine andere), sondern weil es eine Sprache ist, die für den Gebrauch in der Schule eine Reihe wichtiger Vorzüge bietet:

- Python ist Freeware, die für alle großen Plattformen (Windows, Linux, Mac OSX) und für viele kleine (Roboter, Smartphones, etc) verfügbar ist.
- Viele komplexe Anwendungsprogramme (u.a. die Bildbearbeitung Gimp, das Geometrieprogramm Cinderella) lassen sich in Python erweitern.
- Python ist eine interaktive Sprache, d.h. man bekommt unmittelbares Feedback auf Eingaben und kann so die Auswirkungen einzelner Anweisungen testen.
- Python ist auch für den Informatikunterricht ausgezeichnet geeignet.
- Es gibt viele Bücher über Python, viele (meist kostenlose) Bibliotheken von Erweiterungen, und Python wird von renommierten Universitäten (z.B. MIT) als die einführende Programmiersprache verwendet.
- Python kann mit beliebig großen ganzen Zahlen rechnen, kennt Brüche und komplexe Zahlen und verfügt über Bibliotheken für nahezu alle üblichen mathematischen Algorithmen.
- Python macht es sehr einfach, komplexe Datenstrukturen aufzubauen. Beispielsweise kann man drei Zahlen zu einem Vektor im R^3 zusammenfassen.
- Pythonprogramme sind sehr gut lesbar und ihre Bedeutung kann leicht verstanden werden, weil es verhältnismäßig wenige Regeln gibt, die der Programmausführung zugrunde liegen.
- Python wird von großen Softwarefirmen wie Microsoft und Google unterstützt.

Es gibt noch andere Sprachen, die viele dieser Vorzüge besitzen (etwa Ruby), aber in der ausgewogenen Kombination all dieser Vorteile erscheint Python derzeit einzigartig.

Explizit hingewiesen sei aber auf zwei Programmierumgebungen ganz anderen Charakters:

- Scratch (http://scratch.mit.edu/) ist eine Programmierumgebung für Kinder, in der die Programme nicht durch Text beschreiben werden, sondern mit der Maus aus Blöcken grafisch komponiert werden.
- CindyScript (http://www.cinderella.de/tiki-index.php) ist eine Sprache in einem dynamischen Geometriesystem und bringt deswegen eine reiche Infrastruktur zur Interaktion mit mathematischen Objekten mit.

Wenn in diesem Buch auch exzessiv Python verwendet wird, ist es doch kein Python-Kurs. Das Ziel ist es, mathematische Algorithmen darzustellen. Programme in Python sind aber so kompakt, dass es sich nicht lohnen würde, die Algorithmen in einem abstrakten Zwischencode (Pseudocode) zu beschreiben. Python ermöglicht in dieser Knappheit eine Darstellung mit vielen Beispielen – und das Lernen an ausgearbeiteten Lösungsbeispielen dient denn auch als theoretischer Hintergrund für die Darstellung. Wie beim Erlernen einer natürlichen Sprache muss man aktive und passive Fähigkeiten üben. Das Lesen von Programmtext in den Kapiteln ist deswegen ebenso wichtig, wie die Bearbeitung der Übungsaufgaben.

Wer das Ziel hat, gut Python zu lernen, sollte aber weiterführende Literatur konsultieren. Dieser Text versucht, mit einer möglichst kleinen Teilmenge der Sprache Python möglichst viel Mathematik abzudecken. Dabei wird in Kauf genommen, dass bestimmte Dinge aus Sicht der Informatik nicht optimal umgesetzt werden. Insbesondere sind viele Programme unnötig langsam, was aber dem mathematischen Ziel – zu zeigen welche Probleme algorithmisch gelöst werden können – keinen Abbruch tut.

Zu guter Letzt sei der Leser aufgefordert, so viel wie möglich selbst programmierend zu experimentieren. Die Beispiele im Buch können zum Ausgangspunkt genommen werden, vielfältige Variationen auszuprobieren und selbst kreativ zu werden.

Kapitel 2: Computer heißt Rechner

Rechnen war schon immer mühsam und seit es Maschinen gibt, gibt es auch den Traum, Rechnungen Maschinen überlassen zu können. Schon Leibniz war der Auffassung, es sei eines Menschen unwürdig, seine Zeit mit Routine(rechen)aufgaben zu verschwenden. Auch die ersten modernen elektronischen Computer waren zuerst vor allem Rechenmaschinen. Mit Zahlen in die Programmierung einzusteigen, mag auf den ersten Blick nicht so motivierend sein wie ein Einstieg mit bunten Multimediaeffekten. Wir gehen hier trotzdem diesen Weg, weil er schon mit recht jungen Schülern funktioniert und weil die oben zitierten Arbeiten von Tall zeigen, dass er für Entwicklung algebraischer Fähigkeiten wichtig ist. Ein alternativer Weg wird später aufgezeigt.

Rechnen mit Python

Informationen zur Installation von Python finden sich im Anhang. Je nach Betriebssystem wird Python unterschiedlich gestartet, bei Windows geht man über »Start«, »Alle Programme«, dann »Python 3.1« (oder ggf. eine neuere Version) und wählt IDLE. Es zeigt sich ein Fenster, in dem man nach der Aufforderung >>> Eingaben machen kann, die nach Betätigen der Eingabetaste berechnet bzw. ausgeführt werden.

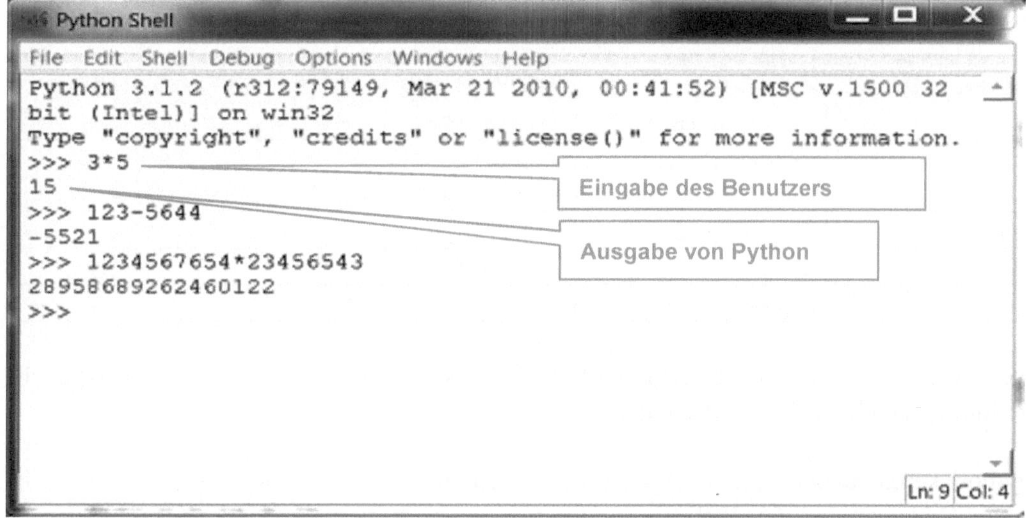

Hat man sich vertippt oder will man aus anderen Gründen eine Rechnung verändert wiederholen, geht man so vor:

- Mit der Pfeil-nach-oben-Taste (oder durch Mausklick) positioniert man sich in der entsprechenden alten Eingabezeile.
- Mit der Eingabetaste wird die alte Eingabe nach unten in die aktuelle Eingabe kopiert und kann dort verändert werden.
- Nochmaliges Betätigen der Eingabetaste startet die Berechnung.

Die Berechnung startet erst, wenn Python sicher ist, dass man »fertig ist«. Wenn es also nicht gleich losgeht, sollte man nochmals die Enter-Taste drücken.

Um nicht so viele Bildschirmfotos darstellen zu müssen, verwendet dieses Skript eine kompakte Darstellung von Ein-Ausgabe-Paaren. Die obigen Rechnungen würden dargestellt als:

```
>>> 3*5
15
>>> 123-5678
 -5555
```

Wo es noch kompakter sein soll, steht nur `3*5` ⇒ `15` .
Python kennt die folgenden Operatoren (und einige mehr, die hier nicht relevant sind):

Tabelle 2.1 Operatoren

Operator	Bedeutung	Beispiel
`+, -, *`	Grundrechenarten	`3*4` ⇒ `12`
`/`	Division (Ergebnis ist immer Kommazahl)	`9/4` ⇒ `2.25` `12/3` ⇒ `4.0`
`//`	Ganzzahlige Division	`5/2`⇒ `2`
`%`	Rest bei Division	`9%4` ⇒ `1`
`**`	Exponentiation	`5**3` ⇒ `125`

Der Operator ^, der in vielen anderen Sprachen die Exponentiation bezeichnet, ist auch definiert, berechnet aber etwas anderes.

Python kennt auch Dezimalzahlen (auch Fließpunktzahlen genannt), sie werden mit einem Dezimalpunkt eingegeben.

```
>>> 5.5-1
4.5
>>> 1/0.4
2.5
```

Ein häufiger Fehler ist, ein Komma statt des Dezimalpunktes zu verwenden.

- Wie viele Taschenrechner, verwendet auch Python eine besondere Schreibweise für sehr große oder sehr kleine Dezimalzahlen: 12.5e3 bedeutet $12{,}5 \cdot 10^3 = 12500$ und 2e-7 ist 0.0000002, d.h. das `e` kennzeichnet den Zehnerexponenten: $a\text{e}n = a \cdot 10^n$. Intern werden der Vorfaktor (Mantisse) und der Exponent getrennt gespeichert, man spricht von Fließpunktzahlen.

Es gibt auch Befehle zum Runden und zum Formatieren mit einer bestimmten Anzahl Vor- oder Nachkommastellen.

```
>>> int(3.7) # auf betragskleinere ganze Zahl bringen
3
>>> round(3.7) # runden
4.0
>>> int(round(3.7))
4
```

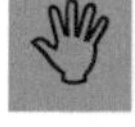

Die Zahlen 4 und 4.0 sind zwar mathematisch gesehen, identisch, werden aber im Computer intern unterschiedlich gespeichert. Fließkommazahlen entstehen bei Operationen, die evtl. kein exaktes Ergebnis liefern. Deswegen ist dies eine »ansteckende« Eigenschaft: `3*4.0` ⇒ `12.0` – sobald ein Operand nicht exakt ist, gilt das auch für das Ergebnis, es wird als Fließkommazahl ausgegeben. An einigen Stellen erwartet Python aber zwingend die Angabe von ganzen Zahlen, und dann muss man `int` verwenden.

Der Text nach dem # bis zum Zeilenende ist ein Kommentar. Er wird von Python ignoriert und dient nur der Erklärung des Codes. Man kann ihn beim Eintippen komplett weglassen. Wenn man selbst Programme schreibt, sollte man aber nicht sparsam mit dieser Kommentierungsfunktion sein. Sie hilft ganz erheblich dabei, die im Programm umgesetzten Algorithmen auch nach Monaten oder Jahren noch zu verstehen und nachzuvollziehen.

Variablen

Von einem Rechteck mit den Seitenlängen a=122 und b=791 sollen Umfang und Flächeninhalt berechnet werden. Statt die Rechnungen mit den Zahlen direkt durchzuführen, bietet sich folgendes Vorgehen an:

```
>>> a=122
>>> b=791
>>> a*b
96502
>>> 2*a+2*b
1826
```

Dies zeigt die Verwendung von Variablen: Mit Variablen benennt man Objekte – hier Zahlen. Die Variablen stehen dann für diese Objekte, sie verweisen auf sie. Mit `a=122` wird festgelegt, dass von nun an (bis zu einer evtl. Umdefinition) `a` auf 122 verweist. Wo immer `a` verwendet wird, wird dieser Verweis aufgelöst, d.h. es wird 122 verwendet.
Einige weitere Erklärungen dazu:

- Variablennamen dürfen wie alle Namen in Python Groß- und Kleinbuchstaben, Ziffern und den Unterstrich _ enthalten. Das erste Zeichen darf keine Ziffer sein. Groß- und Kleinschreibung wird unterschieden, also a ist eine andere Variable als A. Beispiele für zulässige Variablennamen sind also: `a,x,y9,a_b, AnzahlderkleinenGruenenMaennchen.` Umlaute sind seit Python 3.0 möglich – man muss aufpassen, falls man einmal mit einer älteren Version arbeitet. Nicht möglich dagegen sind Namen, die Leerzeichen, Anführungszeichen, Punkte, Kommas, Klammern, Doppelpunkte usw. enthalten.
- Variable können die Werte von anderen Variablen annehmen, und zwar mit dem Gleichheitszeichen.
-  Das Gleichheitszeichen spielt eine andere Rolle als in der Mathematik: Die rechte Seite wird berechnet und das Ergebnis wird als Wert der Variablen gespeichert, die links steht. Das bedeutet, dass mit = eine Gleichheit hergestellt wird, indem der Wert links ggf. geändert wird. Es empfiehlt sich daher, den Programmtext `x=1` zu lesen als »Der Variablen x wird der Wert 1 zugewiesen.«

```
>>> b=2     # b verweist auf 2
>>> a=b     # a verweist jetzt ebenfalls auf 2
>>> a
2
>>> b
2
>>> a=a+1   # jetzt verweist a auf 3
```

```
>>> a
3
>>> b
2
>>> b=b-1
>>> b
1
```

Das Beispiel zeigt, dass bei `a=b` nur der aktuelle Wert von `b` zum Wert von `a` wird. Die beiden Variablen werden aber nicht identifiziert.

- Eine gute Vorstellung ist die einer Tabelle, wo in einer Spalte der Name der Variable und in einer weiteren Spalte der aktuelle Wert dieser Variable steht.

Tabelle 2.2 Variablen-Tabelle

Variable	Wert
a	122
b	791
...	

- Die Werte können jederzeit neu belegt werden. Die obigen Befehle könnten so fortgesetzt werden:

```
>>> a=401
>>> 2*a+2*b
2384
```

- Es ist oft praktisch, die berechneten Werte in Variablen zur weiteren Verwendung zu speichern:

```
>>> U=2*a+2*b
>>> U/2
1192.0
```

  Generell gilt: An die Verwendung von Variablen sollte man immer dann denken, wenn man einen Wert mehrfach braucht oder wenn die gleiche Rechnung mehrmals mit geänderten Werten durchgeführt werden soll.
- Was genau passiert bei einer Zuweisung wie U=2*a+2*b? Es gibt zwei nahe liegende Interpretationen:
  - Python merkt sich für U die Formel 2a+2b und wenn der Wert von U benötigt wird, wird er damit berechnet.
  - Python berechnet zum Zeitpunkt der Zuweisung den Wert und speichert nur diesen in U.

Ein Experiment zeigt, welche der beiden Aussagen zutrifft:

```
>>> a=200
>>> U/2
1192.0
```

Dass sich U (bzw. U/2) hier nicht ändert, zeigt, dass die zweite Beschreibung richtig ist. Python berechnet zum Zeitpunkt der Zuweisung mit den dann gültigen Werten die Variablen. Danach ist die Berechnung komplett abgeschlossen und nur der berechnete Wert ist noch gespeichert. Python weiß bei einer Variablen nicht, wie dieser Wert entstanden ist, nur der Wert wird gespeichert.

Weitere Mathematische Operationen und Funktionen

Weitere mathematische Funktionen sind in einer mitgelieferten Bibliothek (auch als Modul bezeichnet, das sind Sammlungen von Funktionen und Definitionen, die man bei Bedarf verwenden kann) enthalten. Man kann alle mathematischen Funktionen auf einen Schlag anfordern. Das erreicht man mit dem Befehl:

```
from math import *
```

Danach steht u.a. die Quadratwurzelfunktion zur Verfügung und man kann rechnen:

```
sqrt(4)
```

Wenn es einem nur um die Quadratwurzel geht, reicht auch:

```
from math import sqrt
```

Sprich: Der Stern * steht für »Alle«.
Eine letzte Variante ist ganz kurz:

```
import math
```

Danach stehen alle Funktionen zur Verfügung, diese müssen aber mit ihrem langen Namen, beispielsweise `math.sqrt` angesprochen werden. Das ist meist unpraktisch, hilft aber, wenn zwei Bibliotheken gleich benannte Funktionen beinhalten. Beispielsweise gibt es in der Bibliothek `cmath` für komplexe Zahlen auch ein sqrt, das auch Wurzeln aus negativen Zahlen berechnen kann. Dann kann man `import math` und `import cmath` schreiben und mit `math.sqrt` oder `cmath.sqrt` jeweils auswählen, welche Version verwendet werden soll.

Die wichtigsten Funktionen in `math` sind:

Tabelle 2.3 Operatoren

Funktion	Bedeutung	Beispiel
`sqrt`	Quadratwurzel	`sqrt(2)` ⇒ `1.141..`
`sin, cos, tan`	Trigonometrische Funktionen im Bogenmaß	`asin(1)` ⇒ `1.57079..`
`asin, acos, atan`	Inverse trigonometrische Funktionen	`atan(1)` ⇒ `0.78539..`
`exp`	Exponentiation zur Basis e	`exp(1)` ⇒ `2.71828..`
`log`	Natürlicher Logarithmus	`log(1)` ⇒ `0.0`
`pi`	Konstante der Kreiszahl	`pi` ⇒ `3.14159..`

Wiederholt das Gleiche tun: Schleifen

Bisher können wir mit Python Terme berechnen und das ist für die Mathematik eine wichtige Tätigkeit, beispielsweise wird viel mit Wertetabellen gearbeitet. Im Folgenden soll für den Term x^2-$3x$+5 eine solche angelegt werden. Man könnte so vorgehen:

```
>>> x=2
>>> x**2 + 3*x + 5
15
>>> x=3
>>> x**2 + 3*x + 5
23
```

Das wäre aber mühsamer, als es mithilfe eines Computers sein sollte. Wenn man mehrfach fast das Gleiche tun will, wobei sich nur der Wert einer Variablen ändern soll, verwendet man beim Programmieren eine **Schleife**:

```
>>> for x in range(1,10): print(x**2 + 3*x + 5)
```

Als Ergebnis erhält man die Funktionswerte für x=1, x=2,… x=9. Das mag überraschen, aber der `range`-Befehl ist so gestaltet, dass die obere Grenze nicht mehr erreicht wird. Die einzelnen Durchgänge durch den Schleifenkörper nennt man auch Iterationen und eine Problemlösung, die eine Schleife verwendet, nennt man iterativ.

Oft ist es übersichtlicher, eine for-Schleife in mehreren Zeilen zu programmieren. Dann werden die Befehle eingerückt, was Python (veranlasst durch den Doppelpunkt) selbst vorschlägt:

```
>>> for x in range(1,10):
        print(x)
        print(x**2 + 3*x + 5)
1
9
2
15
3
23
...
```

Damit die Einrückung ausgeführt wird, muss zweimal die Eingabetaste betätigt werden; einmal, um das Ende der Schleife anzuzeigen, das zweite Mal, um die eigentliche Berechnung zu starten.

Richtig schön ist die Ausgabe noch nicht, es geht aber noch besser:

```
>>> for x in range(1,10):
   print( "f(", x, ")=", x**2 + 3*x + 5 )

f(1)=9
f(2)=15
f(3)=23
f(4)=33
...
```

Daran gibt es Einiges zu erklären:

- Python kann nicht nur Zahlen, sondern auch Zeichenketten (Strings) verarbeiten, man schreibt sie entweder mit doppelten Anführungszeichen `"abc"` oder mit einfachen `'abc'`. Beides sind gleichwertige Möglichkeiten.
- Zeichenketten können bis auf die sie definierenden Anführungszeichen beliebige Zeichen enthalten. Im Beispiel gibt es zwei Zeichenketten, nämlich `"f("` und `")="`.
- Zeichenketten werden so behandelt, als ob sie »bedeutungsloser« Text wären, d .h. was in ihnen steht, wird nicht von Python bearbeitet, sondern nur als Text gespeichert und kann witerverarbeitet werden. Beispiele:

  ```
  >>> a=5
  >>> a
  5
  >>> "a"
  'a'
  >>> print("a")
  a
  ```

Der print-Befehl kann mehrere Objekte (z.B. Zahlen, Zeichenketten) direkt nacheinander in eine Zeile schreiben, wenn sie durch Kommas getrennt sind.

Bei `range` kann man auch eine Schrittweite angeben: `range(1,10,2)` geht in Zweier-Schritten vor, d.h. x wird auf die Werte 1,3,5,7,9 gesetzt. Leider kann man keine Dezimalzahlen als Schrittweiten angeben, es ist also nicht so einfach möglich, beispielsweise die Zahlenfolge 0.1, 0.2, 0.3 … zu erzeugen. Wenn das gewünscht ist, muss man etwas umrechnen. Allerdings werden die Programme dann schon so lang, dass es sich lohnt, sie nicht direkt einzutippen, sondern in einer eigenen Datei zu speichern. Im »File«-Menü von IDLE erzeugt man ein »New Window«. Darin tippt man das komplette Programm auf einmal, ohne sofortige Rückmeldungen. Zum Ausführen der Anweisungen gibt es den »Run«-Befehl, den man auch mit der Funktionstaste (F5) schnell erreicht. Das Programm muss dazu in einer Datei (mit der Dateiendung .py) gespeichert werden. Diese Dateien sind ganz normale Textdateien (ohne Formatierungen, also nicht mit Word, sondern z.B. mit Notepad (das ist der Editor mit dem man normale Textdateien unter Windows bearbeiten kann. Er findet sich unter »Alle Programme – Zubehör«) o.ä. aber besser noch mit IDLE zu bearbeiten).

Der Inhalt einer Datei zur Tabellierung einer Funktion kann dann wie im folgenden Programm aussehen. Darin ist auch die Strategie umgesetzt, Folgen von Dezimalzahlen duch eine Variable `x` zu durchlaufen, die der ganzzahligen Schleifenvariable ‚folgt':

```
# Kapitel 2-Funktionstabelle erstellen
x0=-4      # Start
x1=4       # Ende
step=0.5   # Schrittweite
n=int((x1-x0)/step) # So viele Schritte braucht man
for i in range(0,n):
    x=x0+i*step
    print("f(", x, ")=", x**2 + 3*x + 5)
print("Ende")
```

Bei der `for`-Schleife muss man auf korrekte Einrückung achten. Die Einrückeinheit ist jeweils eine Tabulator-Tiefe oder vier Leerzeichen. Nach dem Doppelpunkt rückt IDLE selbsttätig ein. Wenn das Einrücken beendet werden soll (weil man am Ende des zu wiederholenden Abschnittes angekommen ist), muss man einmal die »Löschen«-Taste (Backspace, ←) drücken. Die Einrückung ist entscheidend für die Bedeutung des Programms: Die nach `for` eingerückten Befehle werden mehrfach ausgeführt, das `print("Ende")` nur einmal.

Beim Einrücken sollte man das Mischen von Tabulatoren und Leerzeichen vermeiden, weil es zu uneindeutigem Einrücken kommen kann. Notfalls hilft es, im ganzen Bereich die Einrückungen wegzunehmen (in IDLE hilft dabei Format – Dedent Region) und mit der Tabulatortaste neu zu erzeugen.

Mit Schleifen lassen sich verschiedene Problemstellungen lösen. Prototypische Anwendungen bei Zahlen (für andere Arten von Daten kommen später noch andere vor):

- Wiederholungsschleife: n-mal das Gleiche tun. Beispiel
```
for i in range(5):
    print("Hallo")
```
- Wertebereich durchlaufen. Beispiel
```
for i in range(5,10):
    print(2*i+1)
```
- Werte summieren. Die Variable s im Beispiel ist ein Akkumulator, der berechnete Werte sammelt.
```
s=0
for i in range(1,101):
    s=s+i
```
- Zählschleife. Beispiel: Wie viele Zahlen unter 100 sind nicht durch 14 teilbar?
```
counter=0
for i in range(1,101):
if not(i%14==0): counter=counter+1
```

Dieses letzte Beispiel konnten Sie eigentlich noch gar nicht nachvollziehen. Aber es gibt ja noch mehr Kapitel ...

Top 5 der häufigsten Fehler in Python

Python ist eine verhältnismäßig freundliche Programmiersprache, in der nicht allzu viele Fehler passieren. Trotzdem wird man – gerade am Anfang – in viele Fallen tappen. Die »beliebtesten« sind:

- Groß- und Kleinschreibung werden verwechselt.
- Schließende Klammern werden vergessen – dann macht Python gar nichts, sondern wartet auf weitere Zeilen.
- Tippfehler auf der linken Seiten der Zuweisungen: Wenn man beispielsweise die existierende Variable `Anzahl` um 1 erhöhen will und schreibt `anzahl=Anzahl+1`, gibt es keine Fehlermeldung, Python legt einfach eine neue Variable `anzahl` an.
- Zuweisungen werden vergessen. Beispielsweise steht bei Lernenden manchmal eine Zeile im Code wie `2*x+1`. Das führt dazu, dass der Wert des Terms berechnet wird, aber mit diesem Wert wird nichts gemacht, er geht daher verloren.
- Dezimalzahlen werden mit Komma statt mit Dezimalpunkt geschrieben.

Aufgaben

1. Berechnen Sie mit Python die folgenden Terme: $\frac{12+7}{5}, \frac{\sqrt{8}}{2}, 2\pi, \sin(\pi/4), |17-19|$
2. Verwenden Sie Variablen, um die Volumina von Quadern zu berechnen. Der erste Quader hat eine Breite von 12 cm, eine Höhe von 15 cm und eine Länge von 8 cm. Vergleichen Sie das mit dem Volumen von Quadern, die in jeder Dimension 1 cm kleiner bzw. größer sind.
3. Tabellieren Sie einige andere Funktionen.
4. Python kann Zeichenketten addieren (probieren Sie aus, was `"Ha"+"llo"` ergibt) und multiplizieren (Beispiel: `"Hallo "*5)`.
5. Versuchen Sie damit zu verstehen, was das folgende Programm macht:
   ```
   for x in range(0,10): print(x,"#"*(x**2-10*x+26))
   ```
6. Addieren Sie die Zahlen von 100 bis 150.
7. Addieren Sie die ungeraden Zahlen 1+3+5+7+…+n auf verschiedene Arten.

Kapitel 3: Es funktioniert

In der Mathematik sind Funktionen Zuordnungen, die einer (oder mehreren) Eingaben einen Wert des Wertebereichs zuordnen. Beim Programmieren gibt es auch Funktionen, die Ähnliches leisten, aber auch für weitere Zwecke eingesetzt werden können. Man kann sich vorstellen, dass man mit der Definition einer Funktion den Sprachumfang der Programmiersprache erweitert. Wir fangen aber mit Funktionen an, die dem Verständnis in der Mathematik nahe kommen.

Funktionen in Python – Mathematische Funktionen

Im letzten Kapitel wurden Wertetabellen von Funktionen erstellt. Wenn die Funktionsgleichung geändert werden soll, muss man im Programmtext die richtige Stelle finden und sie dort ändern. Wird die Funktion gar an mehreren Stellen im Programm benötigt, muss man überall den Funktionsterm ändern. Es ist daher viel besser, die Funktion selbst zu definieren. Dazu muss man ihr einen Namen geben (z.B. `f`, wenn man ideenlos ist, oder `meineTolleFunktionNr5`):

```
def f(x):
    return x**2 + 3*x + 5
```

Danach kann man mit `f(5)` den Funktionswert an der Stelle 5 bestimmen. Übrigens: Auch die folgenden Varianten bestimmen genau die gleiche Funktion:

```
def f(x): return x**2 + 3*x + 5
def f(q5): return q5**2 + 3*q5 + 5
def f(x):
    term1=x**2
    term2=3*x
    return term1 + term2 + 5
```

Die Funktionsweise von `def` kann man sich so klar machen: Python »merkt« sich eine Reihe von Befehlen, die es aber nicht ausführt. Erst wenn die Funktion aufgerufen wird, »erinnert« sich Python an die Definition und führt die Befehle aus, die bei `def` angegeben wurden.

Der Parameter der Funktion (im Beispiel `x`) ist eine Variable, die beim Aufruf mit dem dann übergebenen Wert belegt wird. Wenn also `f(8)` aufgerufen wird, dann werden die Befehle ausgeführt mit `x=8`.

Einige gängige Missverständnisse lassen sich leicht vermeiden:

- Es ist möglich z.B. `x=2` auszuführen und `f(x)` aufzurufen. Man muss aber nicht die Variable `x` beim Aufruf verwenden, auch `f(a)`, `f(a+100)` oder `f(a+x)` sind möglich. Man könnte auch bspw. `hans=2` und `f(hans)` ausführen lassen und würde das gleiche Ergebnis erhalten.
- Der Parameter bzw. die Variable `x` in `def` ist lokal, das heißt, Python benutzt ihren Namen nur, wenn die Funktion aufgerufen wird, und vergisst sie nach der Ausführung wieder. Wenn man außerhalb der Funktionsdefinition (bevor oder nachdem sie ausgeführt wurde) wieder eine Variable `x` benutzt, ist diese unabhängig von dem `x` in der Funktion.

```
>>> x=3
>>> f(5)
45
>>> x    # Ist unverändert, wie man sieht:
3
>>> f(x)
23
```

Funktionen, die Entscheidungen treffen

Abschnittsweise definierte Funktionen werden in vielen Anwendungssituationen verwendet: Beispiel: Eine CD kostet 5€, es gibt aber einen Mengenrabatt: Wenn man mindestens drei kauft, sind es nur noch 4€ pro Stück. Wie viel kosten also n CDs?

```
def CDPreis(n):
    if n<3: return 5*n
    else: return 4*n
```

Hinter `if` steht eine Bedingung (also ein logischer Ausdruck) und wenn dieser zutrifft, wird der Code nach dem Doppelpunkt ausgeführt, anderenfalls derjenige nach `else`. Dabei gilt auch hier die Einrückregel, d.h. man hätte genausogut schreiben können:

```
def CDPreis(n):
    if n<3:
        return 5*n
    else:
        return 4*n
```

`return` gibt sofort den Wert zurück und beendet die Ausführung der Funktion.

Das kann man sich anhand des folgenden Test-Beispiels klar machen:

```
>>> def test(x):
        return x+1
        print("Das wird nie ausgegeben")
>>> test(5)
   6
```

Der Text wird nicht ausgegeben. Deswegen funktioniert logischerweise auch die folgende Formulierung nicht :

```
def CDPreis(n):
    if n<3: return 5*n
```

Rund um die if-Abfrage hält sich hartnäckig ein Mythos, der evtl. daherkommt, dass die if-Abfrage gelegentlich fälschlicherweise als »if-Schleife« bezeichnet wird. Viele glauben, dass das `if` eine Regel in Kraft setzt, der Art: immer wenn …, mache das. Dem ist aber nicht so: Genau so, wie der `print`-Befehl nicht ständig Ausgaben macht, sondern nur, wenn die Programmausführung zu ihm kommt, genauso prüft ein `if` nur zum Zeitpunkt der Ausführung, ob die Bedingung erfüllt ist.

Folgende Operatoren für Vergleiche, die man in solchen if-Abfragen gut gebrauchen kann, gibt es:

Tabelle 3.1 Operatoren

Operator	Bedeutung	Beispiel

`<, >, ==`	Kleiner, größer, gleich
	Achtung: Der Test auf Gleichheit erfordert das ==
		`if 1==2-1:`
		`    print("OK")`
		⇒ `OK`

`>=, <=`	Größer gleich, kleiner gleich	`if x<=y: ...`
`and, or , not`	Aussagenlogik	`if 0<x and x<9: ...` `if not(x<5): ...`

Ein häufiger Fehler ist die Verwechslung der Operatoren = (Zuweisung) und == (Test auf Gleichheit).

Diese Operatoren arbeiten mit den Wahrheitswerten `True` und `False`:

```
>>> 2**10>1000
True
>>> 9*11==100-1
True
>>> 1==1 and 1==2
False
```

Abfragen können geschachtelt werden, z.B. bei folgender Umrechnung von Punkten in Noten.

```
def Punkte2Note(punkte):
    if punkte>=13: return 1
    else:
        if punkte>=10: return 2
        else:
            if punkte>=7: return 3
            else:
                if punkte==6 or punkte==5: return 4
                else:
                    if punkte>=2: return 5
                    else:
                        if punkte==0 or punkte==1:
                            return 6
    print("Das ist keine Punktzahl:",punkte)
```

Damit kann man beeindruckend geschachtelte Fallunterscheidungen basteln. Allerdings: Es geht in diesem konkreten Fall auch einfacher, wenn man immer, wenn man eine Note erkannt hat, die Funktion mit `return` verlässt:

```
def Punkte2Note(punkte):
    if punkte>=13: return 1
    if punkte>=10: return 2
    if punkte>=7: return 3
    if punkte>=5: return 4
    if punkte>=2: return 5
    if punkte>=0: return 6
    print("Das ist keine Punktzahl:",punkte)
```

Der Name kommt aus dem Englischen, in dem man Konvertierungs-Funktionen oft mit 2 schreibt (analog englisch »to«).
Ein Beispiel für die Anwendung:

```
>>> Punkte2Note(8)
3
>>> Punkte2Note(-8)
Das ist keine Punktzahl:  -8
```

Nach den zwei Beispielen, in denen man das `else` eigentlich nicht braucht, hier noch eine sinnvolle Anwendung:

```
>>> def erzeugeAnrede(name, maennlich):
    anrede="Sehr "
    if maennlich: anrede=anrede+"geehrter Herr "
    else: anrede=anrede+"geehrte Frau "
    return anrede+name

>>> erzeugeAnrede("Schneider",True)
'Sehr geehrter Herr Schneider'
>>> erzeugeAnrede("Merkel",False)
'Sehr geehrte Frau Merkel'
```

Funktionen mit Summenbildung

Funktionsdefinitionen können beliebig komplexen Python-Code enthalten, also z.B. auch Schleifen. Eine übliche Technik ist etwa die Summation von Werten. Die bekannte Frage nach der Summe der ersten *n* natürlichen Zahlen (Dreieckszahlen), lässt sich so beantworten:

```
def Nsumme(n):
    summe=0
    for i in range(1,n+1):
        summe=summe+i
    return summe
```

Das Beispiel zeigt einen ganz typischen Aufbau zur Berechnung von Summen. Eine Variable (hier `summe`) dient als Behälter, in dem akkumuliert wird, während eine andere in einer Schleife die verschiedenen Summanden durchläuft.

Es lohnt sich, das Programm Schritt für Schritt zu verfolgen, wobei die aktuellen Werte der Variablen notiert werden:

Tabelle 3.2 Operatoren

Schritt	Summe	i
`NSumme(3)`	–	–
`summe=0`	0	–
`for i in range(1,n+1)`	0	1
`summe=summe+1`	1	1
`for i in range(1,n+1)`	1	2
`summe=summe+1`	3	2
`for i in range(1,n+1)`	3	3
`summe=summe+1`	6	3
`return summe`	6	-

Einen gewissen Eindruck davon, wie der Programmablauf sich entwickelt, bekommt man auch, wenn man einen `print`-Befehl in der Schleife unterbringt, etwa so:

```
for i in range(1,n+1):
    summe=summe+i
    print("i=",i," summe=",summe)
```

Das liefert dann ein Protokoll der Berechnung:

```
>>> Nsumme(5)
i= 1  summe= 1
i= 2  summe= 3
i= 3  summe= 6
i= 4  summe= 10
i= 5  summe= 15
15
>>>
```

Wesentlich tiefere Einblicke erhält man durch Benutzung eines Debuggers. Das ist ein Programm, das die schrittweise Ausführung eines Programms ermöglicht, wobei man die Werte der Variablen ansehen und sogar verändern kann. Der in Python eingebaute Debugger `pdb` erfordert aber etwas Einarbeitung, so dass er hier nicht vorgestellt wird.

Befehle der Art `summe=summe+i` kommen so häufig vor, dass man sie abkürzen kann durch +=:

```
summe+=i  # Das ist gleichwertig zu: summe=summe+i
```

Die neue Schreibweise ist nicht nur kompakter, sondern kann auch kompakt gelesen werden:

`a+=b` »a wird um `b` vergrößert« oder »die Änderung von `a` ist `b`«

Mit der gleichen Technik lassen sich auch Summen von Quadraten oder Streifenapproximationen von Flächeninhalten berechnen. Im folgenden Beispiel wird ein Viertelkreis mit Rechteckstreifen überdeckt und so sein Flächeninhalt angenähert:

```
def piApprox(n): # n ist die Zahl der Streifen
    fläche=0.0
    delta=1/n # Streifenbreite
    for i in range(n):
        x=i*delta
        y=sqrt(1.0-x**2)
        fläche+=y*delta
    return 4*fläche # Es wurde nur Viertelkreis berechnet
```

Dabei nehmen wir an, dass die Importanweisung

```
from math import *
```

ausgeführt wurde, um die Quadratwurzel verwenden zu können.

Damit lassen sich brauchbare Näherungswerte ermitteln.

```
>>> piApprox(1000)
3.1435554669110282
>>> piApprox(1000000)
3.1415946524138207
>>> pi
3.1415926535897931
```

Die Werte sind zu groß, weil die Höhe der Streifen jeweils am linken Rand durch den Kreis festgelegt wird, die Streifen ragen über den Kreis hinaus. Es entsteht also eine Riemannsche Obersumme.

Natürlich kennt Python auch Pi. In der Mathe-Bibliothek ist Pi folgendermaßen definiert:

```
>>> pi-piApprox(1000000)
-1.9988240276269664e-06
```

Mit einer Schleife kann man auch sehen, wie der Fehler mit zunehmender Streifenzahl kleiner wird. Das geht viel einfacher als mit einer Tabellenkalkulation. Probieren Sie es aus!

```
for i in range (1,2002, 100):
  print(pi-piApprox(i))
```

Funktionen mit Produktbildung

Ganz analog zum Muster der Summenbildung gibt es die Produktbildung. Prototypisch in der Fakultätsfunktion:

```
def fakultaet(n):
    fakul=1
    for i in range(2,n+1):
        fakul=fakul*i
    return fakul
```

Entsprechend funktioniert eine selbstgeschriebene Exponentiation, die zumindest für natürliche Exponenten das gleiche berechnet wie der Operator **:

```
def potenz(a,n): # berechnet a hoch n
    ergebnis=1
    for i in range(n):
        ergebnis = ergebnis * a
    return ergebnis
```

Funktionen mit mehreren Parametern

Funktionen können mehr als eine Eingabe erhalten. Ein schönes Beispiel ist der Body-Mass-Index BMI, der aus Körpergröße und Gewicht gebildet wird und zwischen 19 und 25 liegen sollte.

```
def BMI(Gewicht, Größe):
    return Gewicht/(Größe*Größe)
```

Wenn man 85 kg wiegt, sollte man bei 1,75 m Größe also mit Sport anfangen:

```
>>> BMI(85, 1.75)
27.755102040816325
```

Weitere kleine Beispiele sind arithmetisches und geometrisches Mittel:

```
def arithMittel(a,b):
    return (a+b)/2
def geoMittel(a,b):
    return sqrt(a*b)
```

(Bei Letzterem darf man nicht `from math import *` in der Datei vergessen!)

Die Berechnung von Binomialkoeffizienten kann auf die oben definierte Fakultät zurückgeführt werden:

```
def bino(n,k):
    return fakultaet(n)//(fakultaet(n-k)*fakultaet(k))
```

Dabei wurde die ganzzahlige Division // verwendet, weil die gewöhnliche Division / eine Fließkommazahl zurückgibt, was hier irritierend wäre.

Alternativ kann auch mit einer direkten Produktbildung gearbeitet werden. Im ersten Schritt multipliziert man $(k+1)\cdot(k+2)\cdot\ldots\cdot n=n!/k!$, im zweiten Schritt wird durch alle Faktoren von $(n-k)!$ dividiert:

```
def bino2(n,k):
    ergebnis=1
    for i in range(k+1,n+1): ergebnis=ergebnis*i
    for i in range(1,n-k+1): ergebnis=ergebnis//i
    return ergebnis
```

Variablen in Funktionen

Innerhalb der Funktionen gibt es verschiedene Arten von Variablen und jede Art dient bestimmten Zwecken:

- Parameter transportieren Information in die Funktion hinein, diese sind die Eingaben. Parameter sollten all das sein, wovon die Aktion innerhalb der Funktion abhängt. Parameter können wie lokale Variable auch verändert werden, das hat keine Auswirkungen auf der Ebene des Funktionsaufrufs. Beispiel:

```
x=5 # Das globale x
def f(x):
  x=x+1  # Das ändert nur den Parameter x
  return x**2
print(f(x)) # Das gibt 36 aus
print(x)    # Das liefert 5, das globale x
```

- In Funktionen kann man auch auf globale Variablen zugreifen:

```
modulo=11
def f(x): return (x**2+7) % modulo
print(f(3)) # Gibt 5 aus
```

- In Funktionen werden neu zugewiesene Variable neu angelegt, auch wenn globale, gleichnamige Variablen existieren. Diese werden nicht verändert, da die lokale Variable die globale verdeckt.

```
a=3
def f(x):
  a=5
  return a*x
print(f(2)) # Gibt 10 aus
print(a) # Gibt 3 aus
```

- Auf globale Variable kann auch schreibend zugegriffen werden, wenn sie mit dem Schlüsselwort `global` angekündigt werden.

```
aufrufzähler=0
def f(x):
    global aufrufzähler
    aufrufzähler+=1
    return 2*x
print([f(i) for i in range(10)])
print("Funktion f wurde ",aufrufzähler," mal aufgerufen")
```

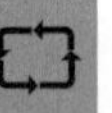

Damit hat man viele Möglichkeiten, Informationen zwischen globalen Variablen und Funktionen und auch zwischen Informationen auszutauschen. Bewährt hat sich folgende Strategie:

- Möglichst alle Information, die eine Funktion für ihre Berechnungen braucht, wird über Parameter eingegeben.
- Möglichst alles, was eine Funktion berechnet, wird über `return` zurückgegeben.

Der Grund für diese Regeln ist schlicht der, dass das Wechselspiel zwischen Funktionen und globalen Variablen umso schwieriger zu verstehen ist, je komplexer die Programme werden.

Komplexe Funktionsgebilde

Python-Funktionen können nicht nur Ergebnisse berechnen, sondern beliebige Befehle ausführen. Dies nutzen wir hier, um ein recht komplexes Beispiel zusammen zu bauen. Der ganze Funktionstabellierer aus dem letzten Kapitel wird in eine Funktion gepackt:

```
def FunTabelle(funktion,x0,x1,step):
    n=int((x1-x0)/step) # So viele Schritte braucht man
    for i in range(0,n):
        x=x0+i*step
        print("f(" , str(x) , ")=" , funktion(x))
```

Damit kann dann jede vorhandene Funktion tabelliert werden[1]:

```
>>> import math
>>> FunTabelle(math.sin,0,3.14,0.1)
f( 0.0 )= 0.0
f( 0.1 )= 0.0998334166468
f( 0.2 )= 0.198669330795
f( 0.3 )= 0.295520206661
...
```

[1] Wenn die Mathematik-Bibliothek bereits komplett importiert ist, ist der korrekte Namen des Sinus nicht math.sin, sondern sin, also schreibt man FunTabelle(sin, 0, 3.14, 0.1).

Hier sind ein paar Erläuterungen angebracht:

- `FunTabelle` ist keine Funktion im Sinne der Mathematik, denn sie liefert gar kein Ergebnis (es gibt keinen `return`-Befehl), sondern ihr Zweck besteht darin, bestimmte Befehle auszuführen. Die Funktionen der Mathematik sind Spezialfälle von Funktionen im Sinne einer Programmiersprache (nota bene: Es gibt andere Programmiersprachen, in denen Funktionen näher an der Definition der Mathematik sind), bei denen die Befehle dazu dienen, einen Wert zu berechnen und zurückzugeben.
- Genau wie Zahlen und Zeichenketten sind Funktionen normale Objekte, auf die man mithilfe von Variablen zugreifen kann. Wem der Begriff `FunTabelle` zu lang ist, für den gibt es die Möglichkeit mit `FT=FunTabelle` eine neue Variable anzulegen, die die gleiche Funktion zum Wert hat, so dass `FT(math.sin,0,3.14,0.1)`.
- Funktionen können auch als Parameter an andere Funktionen übergeben werden, dazu wird es später noch viele Beispiele geben.
- Die Funktion `str` verwandelt ein beliebiges Objekt (z.B. Zahlen, Listen) in eine Zeichenkette.

While-Schleifen: Auf dem Weg zum Maximum

Wo hat die Funktion $f(x)=-x^2+3x+5$ ihr Maximum? Später werden dazu gute (d.h. schnelle, genaue) Algorithmen behandelt, hier dient das Problem lerntechnisch dazu, neben der `for`-Schleife eine weitere Schleifenart vorzustellen, die `while`-Schleife. Um das Maximum von f zu finden, kann man einfach irgendwo bei sehr kleinen Zahlen starten und so lange nach rechts gehen, bis die Funktionswerte wieder kleiner werden:

```
>>> def f(x): return -x**2+3*x+5
>>> x=-100
>>> delta=0.01
>>> while f(x)<f(x+delta):
        x+=delta
>>> x
1.500000000014251
```

Die `while`-Schleife wiederholt die nach ihr eingerückten Befehle solange, bis die Bedingung falsch wird, im Beispiel also solange bis `f(x)>=f(x+delta)`.

Das funktioniert natürlich nicht bei monoton steigenden Funktionen, dann würde das Ganze endlos laufen. Wenn das passiert, kann man in IDLE durch Drücken von Strg-c versuchen, die Berechnung abzubrechen. Leider funktioniert das nicht immer, dann muss man mit dem Taskmanager des Betriebssystems den Python-Prozess beenden.

Die while-Schleife prüft immer am Anfang, ob der Schleifenkörper nochmal durchlaufen werden soll. Das ist manchmal unpraktisch und dann programmiert man Endlosschleifen, die aber irgendwo einen Notausgang haben sollten: Mit dem Befehl break bricht man eine Schleife ab. Die Maximumssuche hätte man auch so schreiben können:

```
>>> x0=-100
>>> delta=0.01
>>> while True: # Endlosschleife, wird immer wiederholt
        x1=x0+delta
        if f(x0)>f(x1): break    # Das beendet die
      Schleife
        x0+=delta
```

Wenn von vorneherein feststeht, wie oft eine Schleife durchlaufen werden muss, ist eine for-Schleife in der Regel übersichtlicher. While-Schleifen verwendet man meist nur, wenn sich das vorab nicht bestimmen lässt.

Funktionsgraphen

Wertetabellen sind ganz nützlich, aber schöner sind Funktionsgraphen. Es ist relativ leicht möglich, auf Basis der Technik zur Erstellung von Wertetabellen auch Graphen zu erzeugen. Man braucht dazu Zugang zu Funktionen, die grafische Objekte erzeugen und darstellen können. Dazu wird hier die Bibliothek SWGui verwendet (siehe Anhang für eine ausführliche Darstellung), von der wir hier nur ganz wenige Funktionen brauchen. SWGui bietet ein Koordinatensystem an, das standardmäßig für x und y je einen Bereich von –10 bis 10 vorsieht.

Die restlichen neuen Konzepte werden durch Kommentare im folgenden Programm erläutert:

```
from SWGui import *
initSWGui()       # Start des neuen Fensters
# Erzeuge ein quadratisches Zeichenfeld
Zeichenfeld=SWCanvas(width=400,height=400)
Zeichenfeld.showCoSys()    # Zeichne ein Koordinatensystem

def f(x): return x**2/5.0 + x -7

for x in range(-10,10):
    Zeichenfeld.createCircleW(x,f(x),0.2) # Zeichne Kreis
                                          # mit Radius 0.2 an (x, f(x))
```

Mit dem Befehl `Zeichenfeld.createCircleW(x,y,r)` wird ein Kreis mit Radius r an der Stelle (x,y) in das `Zeichenfeld` gemalt. Das Koordinatensystem erstreckt sich mit beiden Achsen im Bereich -10..10. Ein ähnlicher Befehl existiert zum Zeichnen von Strecken: `Zeichenfeld.createLineW(x1,y2,x2,y2)`

Damit ist die Gestalt des Graphen schon ganz gut erkennbar. Noch deutlicher wird es, wenn man die Punkte durch kleine Geradenstücke verbindet. Dazu muss man jeweils den Punkt vorher noch gemerkt halten, was man in weiteren Variablen machen kann:

```
x0=-10
y0=f(x0)
for x in range(-9,10):
    Zeichenfeld.createLineW(x0,y0,x,f(x))
    x0=x
    y0=f(x)
```

Weil hier mit Geradenstücken gearbeitet wird, sieht man insbesondere in der Nähe des Scheitelpunktes, dort wo der Graph recht stark gekrümmt ist, Knicke. Um das zu vermeiden, müsste man mehr Punkte berechnen.

Geometrische Objekte können mit SWGUI nicht nur erzeugt, sondern auch noch nachträglich verändert werden, z.B. an eine andere Stelle geschoben werden. Das benutzt die folgende Fortsetzung, um eine Animation zu erstellen, bei der ein Punkt längs des Graphen wandert:

```
b=Zeichenfeld.createCircleW(11,11,0.5)
# Kreis „außerhalb" erzeugen
b.setFillColor("red")    # Der Kreis wird rot eingefärbt
n=400
for i in range(n):
    x=-10+20.0/n*i
    y=f(x)
    b.setCenterW(x,y) # Setzt den Kreis auf Position x,y
    sleep(0.02)   # Warte 0.02 Sekunden
```

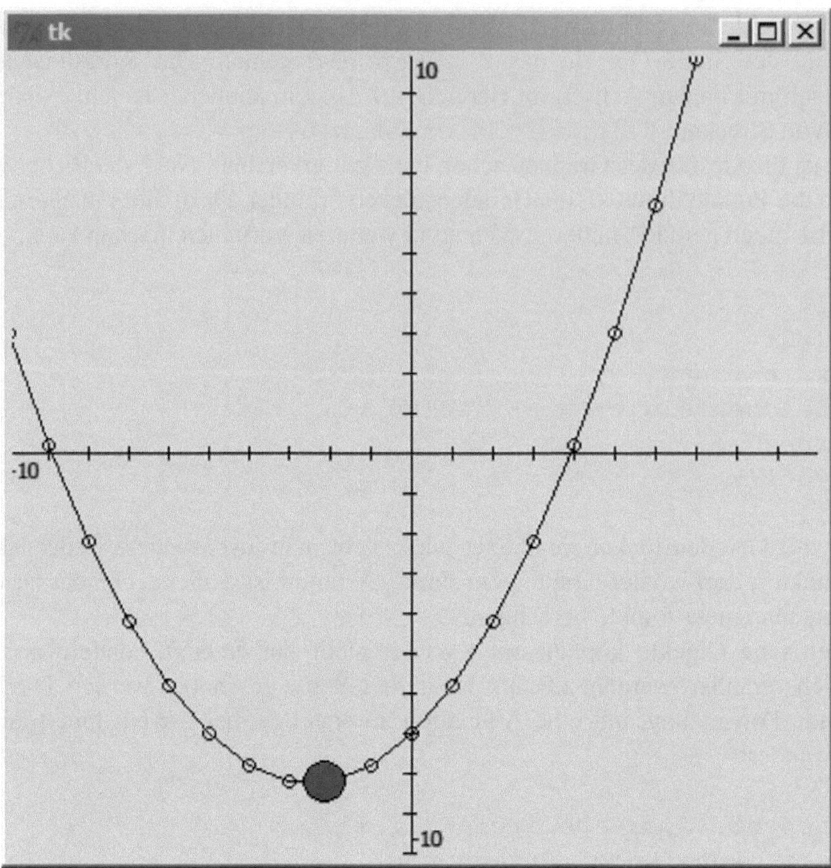

Aufgaben

1. Berechnen Sie auch Summen von Quadrat- und Kubikzahlen.
2. Schreiben Sie eine Funktion, die das Volumen einer Flasche berechnet, wobei eine Flasche idealisiert verstanden wird als aus einem Zylinder und einem Kegel zusammengesetzt. Die Wandstärke des Materials wird vernachlässigt, eben so dass der Kegel spitz zuläuft, während reale Flaschen mit einer kreisförmigen Oberkante enden.
3. Stellen Sie die Funktion piApprox so um, dass ein Halbkreis berechnet wird. Ist das Ergebnis genauer oder ungenauer?
4. Zeichnen Sie mit SWGUI regelmäßige n-Ecke, mit n=2,3,4,5,6,…. Berechnen Sie Koordinaten der Punkte mit Hilfe der trigonometrischen Funktionen.
5. Zeichnen Sie mit SWGUI Parameterkurven, z.B. die Spiralen $x(t)=t \cdot \sin(t)$, $y=t \cdot \cos(t)$ mit $t=0..4\pi$.

Kapitel 4: Zählen und Simulieren

Mathematisch gesehen geht es in diesem Kapitel um Statistik (Auswertung von Daten) und stochastische Simulationen (Zufallszahlen erzeugen und auswerten). Programmtechnisch braucht man dazu vor allem eine neue Struktur: Listen. Listen fassen verschiedene, in einer bestimmten Reihenfolge vorliegende Dinge zusammen. Sie sind damit so etwas Ähnliches wie Zahlentupel in der Mathematik. Im weiteren Verlauf werden Listen zur Darstellung verschiedener mathematischer Objekte benutzt, u.a. Vektoren, Brüche, Komplexe Zahlen, Matrizen, Permutationen, Mengen. Listen sind also eine universelle Datenstruktur.

Daten in Listen

Bisher haben wir vor allem mit einzelnen Zahlen operiert. Häufig fallen aber Daten als Listen oder Tabellen an. In Python kann man beliebige Daten in Listen zusammenfassen. Listen können erzeugt werden, indem man die enthaltenen Daten in eckigen Klammern hinschreibt. Beispielsweise könnten die Zeiten einer Gruppe von Läufern beim 100 m-Lauf sein:

```
>>> L=[13.5, 12.9, 14.9, 14.1, 13.9, 14.0, 14.5]
>>> L
[13.5, 12.9, 14.9, 14.1, 13.9, 14.0, 14.5]
```

Listen sind universelle Datenstrukturen. In ihnen kann man nicht nur Zahlen speichern, sondern auch andere Datentypen:

```
>>> Namensliste=["Jan","Katja","Michael"]
>>> NamensErgebnisListe=
     [["Jan",12.2],["Katja",3.1],["Michael",9.9]]
```

Solche Möglichkeiten werden wir allerdings erst viel später nutzen, hier geht es vor allem um statistische Auswertungen mit einfachen Listen, die nur aus Zahlen bestehen.

Um auf einzelne Werte zuzugreifen, muss man die Position innerhalb der Liste in eckigen Klammern angeben. Dabei fängt Python von 0 an zu zählen! Die Werte können so gelesen, aber auch verändert werden.

```
>>> L[0]
13.5
>>> L[1]
12.9
>>> L[2]
14.9
>>> L[2]=15.0
>>> L
[13.5, 12.9, 15.0, 14.1, 13.9, 14.0, 14.5]
>>> L[2]
15.0
```

Man kann sich vorstellen, dass `L[0]`, `L[1]` usw. im Grunde nichts anderes sind als Variable, die aber einen systematisch aufgebauten Namen haben.

Es sind auch negative Indizes erlaubt, sie werden dann von hinten gezählt:

```
>>> L[-1]
14.5
>>> L[-2]
14.0
```

Wichtig ist die Möglichkeit, Listen zusammenzusetzen (mit dem + Operator) und Teillisten erzeugen zu können (mit dem Doppelpunkt für Index-Bereiche).

```
>>> L+[17.0,10.5]
[13.5, 12.9, 15.0, 14.1, 13.9, 14.0, 14.5, 17.0, 10.5]
>>> L2=L+[17.0,10.5]
>>> L2
[13.5, 12.9, 15.0, 14.1, 13.9, 14.0, 14.5, 17.0, 10.5]
>>> L[1:3] #Werte an der Stelle 1 bis 2
   #(Python fängt bei 0 an)
[12.9, 15.0]
>>> L[:4] #Werte an den Positionen 0 bis 3
[13.5, 12.9, 15.0, 14.1]
>>> L[1:] #Werte ab Position 1
[12.9, 15.0, 14.1, 13.9, 14.0, 14.5]
```

Bei der Bereichsauswahl `L[i:j]` gehört der zuletzt angegebene Wert – analog zu `range` – nicht mehr dazu, d.h. das letzte Element der Auswahl ist `L[j-1]`. Das ist ganz sinnvoll: `L[:i]+L[i:]` ist dann wieder die ganze Liste.

Man kann prüfen, ob ein bestimmtes Objekt in einer Liste enthalten ist, oder auch nicht:

```
>>> 15 in L
True
>>> 29 in L
False
```

Übersicht über Operationen mit Listen:

Tabelle 4.1 Operatoren

Operator	Bedeutung	Beispiel
`+`	Fügt Listen zusammen	`[1,2]+[8,7]` ⇒ `[1,2,8,7]`
`in`	Test, ob enthalten in	`1 in [3,1,2]` ⇒ `True`
`len`	Zahl der Elemente	`len([6,5,1])` ⇒ `3`
`[]`	Indizierung des i-ten Elementes	`L=[7,4,1]` `L[1]` ⇒ `4`
`[:]`	Teillistenauswahl des i-ten bis j-1-ten Elementes (j-tes Element ausschließlich)	`L=[7,4,1]` `L[0:2]` ⇒ `[7,4]`
`*`	Multipliziert eine Liste (mehrfaches Anhängen)	`[1,2]*3` ⇒ `[1,2,1,2,1,2]`
`max, min`	Maximum, Minimum	`max([4,7,1,2]` ⇒ `7`
`sum`	Summe	`sum([4,7,1,2]` ⇒ `14`
`sorted`	Gibt eine neue, sortierte Liste	`sorted([3,1,2])` ⇒ `[1,2,3]`
`count`	Zählt, wie oft ein Element vorkommt. Methoden-Syntax	`L=[3,1,4,1,5]` `L.count(1)` ⇒ `2`

Die letzte Funktion verwendet eine besondere Syntax. Statt etwa `count(L,2)` zu schreiben (was auch sinnvoll möglich wäre), gibt man erst das Objekt L an, und setzt dann die zu berechnende Funktion dahinter. Statt Funktion spricht man dann meist von einer Methode. Das ist ein Konzept der Objektorientierten Programmierung, das für unsere Zwecke aber nicht so wichtig ist. Diese Syntax wird aber auch von den Methoden im nächsten Kasten verwendet, die allesamt eine Liste verändern. Für die Beispiele wird generell angenommen, dass `L=[3,1,4,1,5]` definiert wurde.

Tabelle 4.2 Methoden

Methode	Bedeutung	Beispiel
`remove`	Löscht das erste Auftreten von x	`L.remove(1)` `L ⇒ [3,4,1,5]`
`reverse`	Kehrt die Reihenfolge um	`L.reverse()` `L ⇒ [5,1,4,1,3]`
`sort`	Sortiert die Liste	`L.sort()` `L ⇒ [1,1,3,4,5]`
`append`	Fügt Element am Ende an	`L.append(77)` `L ⇒ [3,1,4,1,5,77]`
`pop`	Löscht das i-te Element	`L.pop(2) ⇒ 4` `L ⇒ [3,1,1,5]`

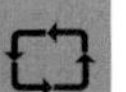

Die meisten Methoden verändern die Liste, auf der sie arbeiten. Wenn das nicht erwünscht ist, erstellt man eine Kopie der Liste mit `Kopie=[x for x in Liste]` und arbeitet mit der Kopie. Die folgende Funktion wendet diese Strategie an:

```
  def umgedreht(L):
     kopie=[x for x in L]
     kopie.reverse()
     return kopie
>>> umgedreht([4,8,9])
[9, 8, 4]
```

Listen durchlaufen und erzeugen

Mit for-Schleifen kann man jede Liste durchlaufen:

```
>>> Namensliste=["Peter", "Paul", "Mary"]
>>> for name in Namensliste:
        print("Hallo, ", name)

Hallo,  Peter
Hallo,  Paul
Hallo,  Mary
```

Das ist im Grunde gar nichts Neues, denn wir haben ja schon Schleifen mit `range` gebildet und diese Funktion erzeugt eine durchlaufbare Folge, die man auch als Liste darstellen kann:

```
>>> range(1,5)
range(1,5)
>>> list(range(1,5))
[1, 2, 3, 4]
```

Um die Liste der ersten acht Quadratzahlen zu bekommen, gibt es viele verschiedene Möglichkeiten. Die Letzte ist offensichtlich die Eleganteste:

```
>>> quadrate=[]
>>> for i in range(1,9):
        quadrate.append(i*i)

>>> quadrate
[1, 4, 9, 16, 25, 36, 49, 64]

>>> quadrate=[]
>>> for i in range(1,9):
        quadrate=quadrate+[i*i]

>>> quadrate
[1, 4, 9, 16, 25, 36, 49, 64]

>>> [i*i for i in range(1,9)]
[1, 4, 9, 16, 25, 36, 49, 64]
```

Mit dieser Technik kann man viele Operationen rund um Listen sehr kompakt ausdrücken. Das wird noch dadurch gesteigert, dass man gleichzeitig bestimmte Elemente auswählen kann.

```
>>> L=[5,3,78,5,6,44,23,43,21,1]
>>> [x for x in L if x>10]
[78, 44, 23, 43, 21]
```

Das Folgende bestimmt die Quadrate von Vielfachen der 3, die kleiner als 20 sind:

```
>>> [x**2 for x in range(1,20) if x%3==0]
[9, 36, 81, 144, 225, 324]
```

Zur Erinnerung: Das Prozentzeichen ist der Rest-Operator, beispielsweise liefert 12%5 das Ergebnis 2. Mit `x%3==0` prüft man, ob x durch 3 teilbar ist.
Mathematiker können sich die Wirkung dieser Listenkonstruktion leicht als Umsetzung einer verbreiteten mathematischen Schreibweise klar machen:

`[f(x) for x in M if p(x)]` ist die Python-Fassung von $\{f(x) \mid x \in M \wedge p(x)\}$. Die Komplementärmenge und die Schnittmenge zweier Listen bestimmen sich so:

```
>>> A=[4,1,6,7,9,3]
>>> B=[6,8,12,3]
>>> [x for x in A if not(x in B)]
[4, 1, 7, 9]
>>> [x for x in A if x in B]
[6, 3]
```

In diesen Beispielen haben wir die Listen also als Mengen betrachtet. Dabei muss man sich klar machen, dass in Listen die Reihenfolge gespeichert wird, und dass das gleiche Objekt mehrfach darin vorkommen kann. Trotzdem kann man Listen als Mengen verwenden, wenn die Funktionen, die damit umgehen, diese Eigenschaften in Rechnung stellen.

Listen sind universelle Datenstrukturen, mit denen man beliebige zusammengesetzte Datensätze beschreiben kann. An die Verwendung von Listen sollte man also immer denken, wenn man mehrere zusammengehörige Objekte hat.

Etwas Statistik

Nehmen wir noch einmal die Daten des hypothetischen 100m-Laufs vom Anfang des Kapitels her.

```
L=[13.5, 12.9, 14.9, 14.1, 13.9, 14.0, 14.5]
```

Wenn man solche Daten (und evtl. noch viel längere Listen) vorliegen hat, welche Fragen kann man stellen und wie beantwortet man sie?

Zur Bestimmung des kleinsten und größten Wertes gibt es eingebaute Funktionen:

```
>>> [min(L), max(L)]
[12.9, 14.9]
```

Bestimmung der Zahl der Läufer, die weniger als 14s benötigt haben:

```
>>> len([t for t in L if t<14])
3
```

Die Berechnung des Mittelwertes führt man zurück auf die Summenbildung und die Elementanzahl:

```
def mittelwert(liste):
    return sum(liste)/len(liste)
```

Die Varianz ist der Mittelwert der quadratischen Abweichungen vom Mittelwert der Daten, gibt also an, wie stark die Werte um den Mittelwert schwanken. Formal schreibt man das als $V(X)=E((X-E(X))^2)$, wobei X eine Zufallsvariable und $E(X)$ ihr Erwartungswert sind (der durch den Mittelwert einer Stichprobe geschätzt wird). Die Umsetzung ist recht direkt:

```
def varianz(liste):
    m=mittelwert(liste)
    return mittelwert([(x-m)**2 for x in liste])

>>> print(mittelwert(L),", ", varianz(L))
13.9714285714 ,  0.362040816327
```

Der Median ist der mittlere Wert einer Datenreihe, nachdem sie sortiert ist. Das Sortieren kann Python übernehmen, aber evtl. möchte man nicht, dass die Liste tatsächlich verändert wird.

Einige Listenoperationen von Python verändern die Listen, auf denen sie arbeiten, dauerhaft. Wenn das nicht erwünscht ist, erstellt man eine Kopie der Liste mit `Kopie=[x for x in Liste]` und arbeitet mit der Kopie. Die folgende Funktion wendet diese Strategie an:

```
def median(L):
    sortiert=sorted(L)
    n=len(L)
    if n%2==1: # ungerade Anzahl
        return sortiert[(n-1)//2]
    return (sortiert[n//2-1]+sortiert[n//2])/2
```

Bei der Division durch 2 mit dem Operator / würden Fließpunktzahlen entstehen, die als Indizes in Listen nicht erlaubt sind. Deswegen wird hier // verwendet.

Zum Vergleich von Daten auf unterschiedlichen Skalen sollte man diese z-transformieren[2], so dass der Mittelwert 0 und die Standardabweichung 1 ist. Das ist einfach:

---

[2] Eine Menge von Daten $x_1,\dots,x_n$ wird z-transformiert, indem man den Mittelwert m der Daten abzieht und dann durch die Standardabweichung σ der Daten dividiert. Man erhält so neue Daten $x'_i=(x_i-m)/\sigma$, die den Mittelwert 0 und die Standardabweichung 1 besitzen.

```
def genormt(liste): # Gibt eine Liste mit Mittel 0,
Standardabw. 1
    m=mittelwert(liste)
    s=math.sqrt(varianz(liste)) # Standardabweichung
      return [ (x-m)/s for x in liste ]
```

Schuhgröße und Körpergröße hängen zusammen. Um das Maß des Zusammenhangs zu messen, kann man den Korrelationskoeffizienten bestimmen. Die Daten werden zunächst genormt, so dass sie sich in einem Punkteplot als Punktwolke um den Ursprung anordnen. Wenn es einen linearen Zusammenhang der Daten gibt, werden die Diagonalen stärker „»bevölkert« sein als die Nebendiagonalen. Im ersten und dritten Quadranten ist das Produkt der Koordinaten positiv, so dass man über den Mittelwert der Koordinatenprodukte den Zusammenhang messen kann:

```
def korrel(A,B):
    if len(A)!=len(B):
        print("Fehler in korrel: Ungleiche Längen")
        return
    An=genormt(A)
    Bn=genormt(B)
    r=0.0
    for i in range(0,len(A)): r+=An[i]*Bn[i]
      return r/len(A)
```

Als Anwendung nehmen wir ein paar Daten von Schuh- und Körpergrößen her und bestimmen deren Korrelation.

```
schuhe= [41,  42, 43, 44, 35, 36]
körper=[179,185,180,177,166,165]
print("Korrelation(",schuhe,",",körper,")=",
      korrel(schuhe,körper))
```

Es ergibt sich ein recht hoher Wert von 0,87.

Mit dieser Ausstattung kann man eine ganze Reihe von statistischen Auswertungen machen. So liegt die Frage nahe, ob die Korrelation zwischen Fuß- und Handgröße stärker ist als diejenige zwischen Kopfumfang und Körpergröße.

Die Beispiele zeigen auch die Idee der Modularisierung auf: Die Funktionen wie `genormt` usw. sind zwar erst einmal mühsam, wenn man selbst (oder jemand anders) diese Arbeit aber gemacht hat, steht ein Baustein (»Modul«) zur Verfügung, mit dem man gut weiterbauen kann, hier z.B. in `korrel`.

Zufallszahlen

Python kann Zufallszahlen erzeugen. Dazu dient ein Modul `random`:

```
import random
```

Durch `random.randrange(a,b)` erzeugt man dann eine ganze Zufallszahl, die zwischen den ganzen Zahlen `a` und `b` liegt (ausschließlich, wie bei `range`):

```
>>> random.randrange(2,5)
4
>>> random.randrange (2,5)
2
>>> random.randrange (2,5)
2
>>> random.randrange (2,5)
3
```

Die Verteilung der Augensumme beim doppelten Würfelwurf lässt sich dann experimentell so untersuchen:

```
>>> würfelsummen=
        [ random.randrange(1,7)+ random.randrange(1,7)
                for i in range(100) ]
>>> würfelsummen
[6, 5, 4, 6, 6, 3, 8, 4, 2, 3, 8, 7, 9, 9, 6, 6, 4, 8, 9,
12, 12, 6, 12, 4, 8, 9, 5, 9, 9, 6, 9, 10, 5, 9, 6, 4, 7,
9, 8, 6, 7, 11, 9, 5, 6, 8, 8, 4, 8, 7, 8, 11, 4, 7, 4,
7, 11, 5, 6, 10, 3, 9, 6, 7, 7, 7, 3, 10, 11, 8, 7, 8, 9,
6, 9, 8, 8, 4, 7, 5, 6, 10, 3, 9, 7, 5, 9, 4, 2, 10, 4,
9, 8, 10, 6, 8, 8, 8, 6, 4]
>>> for z in range(2,13):
  print("Summe ",z," kommt ", würfelsummen.count(z),
      " mal vor")

Summe  2  kommt   2  mal vor
Summe  3  kommt   5  mal vor
Summe  4  kommt  12  mal vor
Summe  5  kommt   7  mal vor
Summe  6  kommt  16  mal vor
Summe  7  kommt  12  mal vor
Summe  8  kommt  17  mal vor
```

```
Summe   9  kommt  16  mal vor
Summe  10  kommt   6  mal vor
Summe  11  kommt   4  mal vor
Summe  12  kommt   3  mal vor
```

Ein etwas anspruchsvolleres Beispiel ist die folgende Simulation: In bestimmten Müslipackungen ist je eine von drei Sammelfiguren enthalten. Wie viele Packungen muss man im Schnitt kaufen, bis man alle drei Figuren hat?
Lösung mit Python:

```
k=0 # Zahl der gekauften Packungen
habschon=[]  # hier werden die Figurentypen gesammelt,
# die man schon hat
while len(habschon)<3: # solange man noch nicht alle hat...
    k=k+1              # kauft man neue Packungen
    z=random.randrange(1,4) #darin befindet sich zufällig z
    if not( z in habschon ): # Wenn ich z noch nicht habe
        habschon.append(z)   # kommt's in die Sammlung
print("Es dauerte ",k," Versuche")
```

Wenn man diese Befehle mehrfach ausführt, bekommt man natürlich nicht immer die gleiche Zahl heraus. Minimum ist 3, nach oben ist es unbeschränkt.

Um einen besseren Überblick zu bekommen, kann man diese Simulation programmgesteuert mehrfach ausführen:

```
def wartezeit():
    k=0
    habschon=[]
    while len(habschon)<3:
        k=k+1
        z=random.randrange(1,4)
        if not( z in habschon ): habschon.append(z)
    return k

def warteNmal(n):
    return [ wartezeit() for i in range(n) ]

m=mittelwert(warteNmal(500))
print("Es dauerte im Mittel ",m," Packungen")
```

Man kommt, vor allem wenn man mehr als 500 Serien durchläuft, zu der Vermutung, dass die Wartezeit =5,5 ist.

Das kann man auch beweisen: Nach dem ersten Zug fehlen einem noch zwei Figuren, irgendwann noch eine, zuletzt keine mehr.

$$(3) \xrightarrow{\;1\;} (2) \xrightarrow{\;2/3\;} (1) \xrightarrow{\;1/3\;} (0)$$

Das ist eine Markovkette. Mit den jeweiligen Komplementärwahrscheinlichkeiten bleibt man stehen. Dann sei a der Erwartungswert, um von (3) aus zu (2) zu gelangen, b der von (2) aus nach (1), c der von (1) aus nach (0). Es ist
a=1, b=2/3·1+1/3· (1+b) und c=1/3·1+2/3· (1+c).
Also c/3=1, c=3. Und 2/3b=1, also b=3/2.
Die gesamte erwartete Dauer ist a+b+c=1+3/2+3=5,5.

Neben den diskreten Zufallszahlen gibt es auch kontinuierliche: Zufallszahlen, die über dem Intervall von 0 bis 1 gleichverteilt sind. Sie werden mit der Funktion `random.random()` erzeugt. Das wird im Folgenden benutzt, um den **Hypothesentest** auf Basis der Binomialverteilung (auch andere Arten sind analog durchführbar) zu realisieren, ohne viel Theorie investieren zu müssen.

Beispiel: Die Wahrscheinlichkeit, dass ein Junge geboren wird, liegt bei 0,51. Linkshänderinnen brachten bei 120 Geburten 68 Jungen zur Welt. Ist das signifikant auffällig?

Das Python-Programm entscheidet das zuverlässig:

```
def geburt(): # 0=Mädchen, 1=Junge
    if random()<=0.51: return 1
    else: return 0

def NJungen(n): # Anzahl der Jungen bei n simulierten
                # Geburten
    return sum([ geburt() for i in range(n)])
# Jetzt 1000 mal 120 Geburten simulieren,
# zählen wenn 68 oder mehr Jungs
m=1000
n=120
g=68
k=0
for i in range(m):  # m mal
    j=NJungen(n)    # n Geburten simulieren
    if j>=g: k=k+1

p=k/m
```

```
print("p-Wert:",p," Es sind ",g," Jungs bei",n,
      " Geburten ")
if p<0.05: print("signifikant auffällig")
else: print("nicht auffällig")
```

Monte-Carlo-Simulationen

Diese Methode ist ein Klassiker des Computereinsatzes, obwohl in der Schule damit oft nur das folgende Problem gelöst wird, das auch einfacher handhabbar ist: Wie groß ist der Flächeninhalt eines Viertelkreises? Dazu stellt man sich den Viertelkreis (als Kreis mit Radius 1 um den Ursprung) im Quadrat $0<x<1$, $0<y<1$ vor. Ein »Regentropfen«, der zufällig auf das Quadrat fällt, wird mit einer Wahrscheinlichkeit innerhalb des Kreises landen, die dem Anteil der Kreisfläche an diesem Einheitsquadrat entspricht. Diese Wahrscheinlichkeit wird aus einer großen Zahl von Versuchen geschätzt:

```
n=100000 # 100000 Tropfen
trefferZahl=0
for i in range(n):
    x=random.random()
    y=random.random()
    if x**2+y**2<1: trefferZahl+=1
p=trefferZahl/n
print("pi ist ca.: ", 4*p)
```

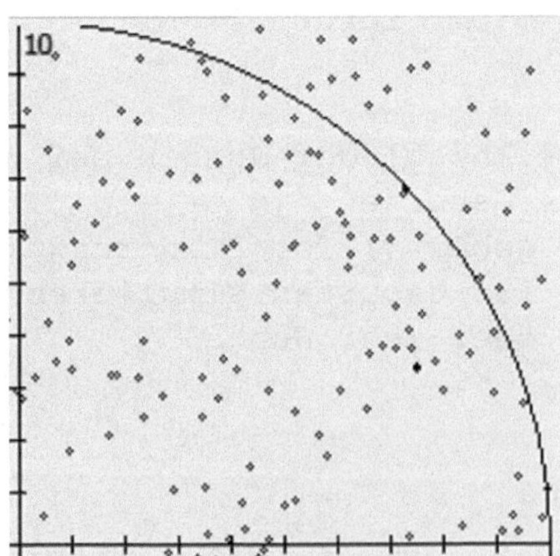

Nachteilig ist bei diesem Verfahren, dass man keine Kontrolle über die Genauigkeit hat. Man kann aber die gleiche Simulation mehrfach ausführen und so eine Statistik über die Streuung des Näherungswertes für pi erstellen.

Eine Variante mit grafischer Ausgabe auf Basis von SWGUI findet sich in den Dateien zu diesem Kapitel.

Ernsthaft eingesetzt werden Monte-Carlo-Simulationen immer dann, wenn die Geometrie nicht so einfach ist, also z.B. wenn der Flächeninhalt oder das Volumen eines sehr komplexen Gebietes zu bestimmen ist, für das man nur feststellen kann, ob ein Punkt dazu gehört oder nicht.

Für die Schule brauchbar ist z.B. die (etwas anders formulierte) Frage, wie Umfang und Flächeninhalt eines Rechtecks verteilt sind, bei dem Breite und Länge zufällig im Intervall 0..1 gewählt werden.

```
n=10000
Umfaenge=[]
Flaecheninhalte=[]
for i in range(n):
    breite=random.random()
    laenge=random.random()
    Umfaenge.append(2*breite+2*laenge)
    Flaecheninhalte.append(breite*laenge)
print("Umfaenge Mittel=", mittelwert(Umfaenge),
      "Stdabw=", math.sqrt(varianz(Umfaenge)))
print("Flaechen Mittel=", mittelwert(Flaecheninhalte),
      "Stdabw=",math.sqrt(varianz(Flaecheninhalte)))
```

Interessant ist auch der Zusammenhang von Umfang und Flächeninhalt der entstandenen Rechtecke. Grafische Darstellungen können helfen, Hypothesen zu bilden (siehe [Pallack 2008]).

Große Bedeutung haben in der Praxis auch Simulationen von Bewegungsvorgängen, beispielsweise von Verkehrsströmen. Dazu gibt es eine Beispieldatei, die anhand einer Simulation zeigt, wie durch Trödeln der bekannte »Stau aus dem Nichts« entstehen kann.

Aufgaben

1. Es gibt die eingebauten Funktionen min, max und sum, die das Minimum, Maximum und Summe einer Liste von Zahlen bestimmen. Wie könnten diese programmiert sein? Schreiben Sie eigene Varianten mymax, mymin, mysum.
2. Bei einem Test haben die Schüler einer Klasse die folgenden Punktzahlen erreicht:
   punkte=[12,45,32,44,39,38,39,41,7,22,29,35,11,12,46,33,28,29,17,21,12,23,30,25,31,15,39]
   Ermitteln Sie die Zahl der Schüler, die minimale und die maximale Punktzahl und den Mittelwert. Zählen Sie, wie viele Schüler 33 Punkte haben.

3. Erstellen Sie eine Tabelle mit Zeilen der Art:

0	Schüler	haben	27	Punkte
1	Schüler	hat	28	Punkte
2	Schüler	haben	29	Punkte

   Zählen Sie, wie viele Schüler mindestens 30 aber weniger als 40 Punkte haben. Wegen einer unklaren Aufgabenstellung sollen alle Schüler drei Punkte mehr bekommen, erstellen Sie die neue Liste auf verschiedene Arten. Berechnen Sie die Korrelation dieser Daten mit den ursprünglichen Werten.
4. Berechnen Sie die Korrelation zwischen einer Liste von aufeinanderfolgenden Zahlen und den zugehörigen Funktionswerten für verschiedene Funktionen. Finden Sie insbesondere Beispiele, bei denen sich eine ganz geringe oder keine Korrelation ergibt.
5. Durch die folgende Definition wird eine Zufallsvariable bestimmt, die drei Werte mit jeweils gleicher Wahrscheinlichkeit annimmt (`from random import *` nicht vergessen):
   ```
   def Z(): return randrange(-1,2)
   ```
   Bestimmen Sie durch Versuche (wiederholte programmgesteuerte Ausführung des Zufallsversuchs) und durch theoretische Überlegungen Mittelwert und Standardabweichung.
   Nach dem zentralen Grenzwertsatz ist die Summe einer großen Zahl von Zufallsvariablen näherungsweise normalverteilt. Benutzen Sie diese Erkenntnis, um eine Funktion zu definieren, die standardnormalverteilte Zufallsvariablen erzeugt. Für praktische Zwecke ist sie allerdings nicht brauchbar, da die Summation vieler Zufallsvariablen, die ja auch erst erzeugt werden müssen, relativ lange dauert. Ein besserer Weg wird in [Press et al 2007] erklärt.
6. Der Aufsatz [Meyer 2006] beschreibt nichtparametrische statistische Tests auf elementarem Niveau. Das Eingangsbeispiel lautet: Eine Reifenfirma hat für Winterreifen zwei Profile entwickelt, die im Hinblick auf ihre Bremswirkung verglichen werden sollen. Dazu werden 20 Testfahrzeuge einmal mit den Reifen der Profilsorte 1, das andere Mal mit Sorte 2 bestückt und jeweils bei der gleichen Geschwindigkeit abgebremst. Die ermittelten Bremswege lassen sich als Listen speichern:
   S1=[44.6, 55.0, 52.5, 50.2 ,45.2, 46.0, 52.0, 50.2, 50.7, 49.2, 47.3, 50.1, 51.6, 48.7, 54.2, 46.1, 49.9, 52.3, 48.7, 56.9]
   S2=[44.7, 54.8, 55.6, 55.2, 45.6, 47.7, 53.0, 49.9, 52.2, 50.6, 46.1, 52.3, 53.9, 47.1, 57.2, 52.7, 49.0, 54.9, 51.4, 56.1]
   Um zu einem Maß zu kommen, dass die Differenz misst, bildet man die Summe der Differenzen der Bremswege. Nun kann man sich fragen: Wie häufig kommt es vor, dass man eine Differenzsumme kleiner oder gleich dem beobachteten Wert erhält, wenn man die 20 vorgegebenen Differenzen zufällig mit Vorzeichen versieht? Führen Sie diese Idee mit einer Simulation aus.

Kapitel 5: Turtlegrafik, ein alternativer Einstieg

Die sogenannte Turtlegrafik (auch Schildkrötengrafik oder Igelgrafik) ist ein Konzept, Bilder (Grafiken) zu beschreiben, indem man angibt, wie diese mit einem Stift gezeichnet werden können. Man stellt sich vor, dass eine Schildkröte mit einem Stift über ein Blatt Papier wandert. Die grundlegenden Befehle, die man der Schildkröte geben kann, sind: Vorwärtsgehen, Rückwärtsgehen und um einen bestimmten Winkel drehen. Bei diesem Konzept braucht man also kein Koordinatensystem (obwohl alle modernen Schildkröten auch zu bestimmten kartesischen Koordinaten gehen können).

Die Turtle in Python

Python enthält standardmäßig eine sehr leistungsfähige Turtle, allerdings gibt es ein technisches Problem, wenn man diese aus der Standard-Umgebung IDLE heraus benutzt. Zu dessen Umgehung muss man IDLE so starten, dass keine Unterprozesse erzeugt werden. Wie man das macht, wird im Anhang »Installation« beschrieben.
Starten Sie also IDLE wie dort beschrieben und geben Sie ein:

```
>>> from turtle import *
>>> forward(50)
>>> left(45)
>>> forward(90)
>>> forward(90)
```

Die Auswirkung der Befehle sind im interaktiven Modus leicht zu erforschen. Die folgende Tabelle zeigt die wichtigsten Befehle:

Tabelle 5.1 Turtle-Befehl

Methode	Bedeutung: Die Turtle...	Beispiel
`forward(a)`	geht a Pixel vorwärts	`forward(100)`
`backward(a)`	geht a Pixel rückwärts	`backward(100)`
`left(w)`	Dreht sich um die angegebene Gradzahl nach links	`left(45)`
`right(w)`	Dreht sich um die angegebene Gradzahl nach rechts	`right(45)`

`penup()`
`pendown()`
	Schaltet den Stift aus bzw. an.
	Das Beispiel rechts zeichnet eine unterbrochene Linie
		`forward(30)`
		`penup()`
		`forward(30)`
		`pendown()`
		`forward(30)`

`color(farbe)`	Setzt die Farbe, z.B. "red" (gleichbedeutend mit [1,0,0], oder [0,1,1] (RGB-Farben)	`color([1,0,0])`
`goto(x,y)`	Geht zu Pixel x,y	`goto(100,50)`
`clear()`	Löscht den Bildschirminhalt	
`speed(n)`	Setzt die Geschwindigkeit der Kröte: n=1= Langsam bis n=10:= Schnell	`speed(5)`
`tracer(t)`	Wenn t=False wird keine Schildkröte angezeigt	`tracer(False)` `tracer(True)`
`done()`	Schließt das Turtle-Fenster	`done()`

Man kann Turtlegrafik als Einstieg ins Programmieren benutzen. Rakapitulieren wir noch einmal die wesentlichen Dinge, die Sie bisher gelernt haben, an einem hypothetischen Lehrgang dieser Art. In Kurzfassung kann man z.B. so vorgehen:

- Man zeichnet einfache geometrische Figuren wie gleichseitige Dreiecke, Quadrate, Rechtecke usw. (Tun Sie das!)
- Man erkennt, dass viele Befehle wiederholt ausgeführt werden. Das motiviert Schleifen. Beispielsweise erzeugt man ein Quadrat sehr einfach:

```
for i in range(4):
    forward(50)
    left(90)
```

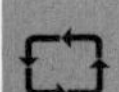

- Wenn man viele Quadrate zeichnen will, lohnt es sich, dieses in einen Befehl zu verpacken:

```
>>> def quadrat(a):
        for i in range(4):
            forward(a)
            left(90)

>>> quadrat(44)
>>> for l in range(10,100,10): quadrat(l)
```

Mit diesen Bausteinen lassen sich sehr komplexe Gebilde zeichnen. So entsteht z.B. eine Quadratspirale:

```
for a in range(10,100,10):
    forward(a)
    left(90)
```

Hier gibt es viele Variationen wie Sterne und Paketierungen.

Was passiert z.B., wenn man im Quadratbefehl statt einer geraden Linie wieder ein Quadrat zeichnet? Wenn man in eine Suchmaschine »turtle graphics« oder »Logo« eingibt, findet man viele schöne Bilder, die man Nachprogrammieren kann. In [Hromkovic 2010] findet man weitere (in Logo geschriebene) Beispiele.

Fraktale und Rekursion

Besonders reizvoll ist das Erstellen von Fraktalen. Fraktale (deren Untersuchung auf B. Mandelbrod zurückgeht) sind Teilmengen der Ebene oder des Raumes, die nicht glatt sind, sondern bei beliebiger Vergrößerung immer weitere Unregelmäßigkeiten aufweisen. Während der Graph einer differenzierbaren Funktion umso mehr einer Geraden ähnelt, je näher man heranzoomt, zeigen Fraktale beim Vergrößern eines Ausschnittes immer wieder neue Strukturen, die dem ganzen Fraktal streng oder annähernd ähnlich sind.

Die Koch'sche Kurve ist eines der bekanntesten Fraktale. Sie entsteht, wenn man bei einer Strecke das mittlere Drittel durch ein gleichseitiges offenes Dreieck ersetzt. Die folgenden Bilder zeigen oben eine Koch-Kurve 0-ter Stufe, also schlicht eine Strecke, darunter eine Kurve 1-ter Stufe, sowie eine zweite Stufe, bei der die Strecken aus der ersten Stufe wiederum gedrittelt und mit Dreiecken versehen worden sind. Das eigentliche Fraktal ergibt sich als Grenzwert dieser Kurven für beliebig hohe Stufen.

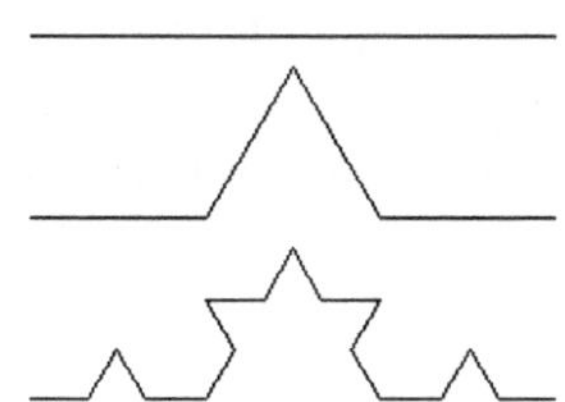

Wie kann man so etwas programmieren? Die Stufen 0 und 1 sind einfach:

```
def koch(laenge,stufe): # stufe<=1
   if stufe==0:
      forward(laenge)
   else:
      forward(laenge/3)
      left(60)
      forward(laenge/3)
      right(120)
      forward(laenge/3)
      left(60)
      forward(laenge/3)
```

Wenn man dies ausbauen will, um auch die zweite Stufe zu zeichnen, müsste man im Grunde vier kleinere Kurven 1.Stufe entsprechend abgewinkelt hintereinander zeichnen, d.h. der Aufruf der ersten Stufe von `forward` sollte ersetzt werden durch einen Aufruf von `koch` für eine niedrigere Stufe. Das funktioniert auch tatsächlich:

```
def koch(laenge,stufe):
  if stufe==0:
    forward(laenge)
  else:
    koch(laenge/3,stufe-1)
    left(60)
    koch(laenge/3,stufe-1)
    right(120)
    koch(laenge/3,stufe-1)
    left(60)
    koch(laenge/3,stufe-1)
```

Probieren Sie Aufrufe wie `koch(100,1)`, `koch(100,2)`, `koch(200,4)` und `koch(100,5)` aus.

Dieses Beispiel illustriert ein mächtiges Programmierkonzept: Die Rekursion, d.h. dass eine Funktion sich selbst aufruft. Das kann natürlich nur gutgehen, wenn dies nicht unendlich weitergeht, sondern wenn es eine Bedingung gibt, die zu einer nicht rekursiven Bearbeitung führt. Im Beispiel wird die Variable `stufe` immer niedriger gesetzt und wenn sie 0 erreicht, wird kein weiterer rekursiver Aufruf gemacht.

Ein bekanntes Beispiel einer rekursiven Definition ist die Fakultät: $n!=n\cdot(n-1)!$, $1!=1$. In Python setzt sich das so um:

```
>>>def fakul(n):
        if n==1: return 1
        else: return n*fakul(n-1)
>>>fakul(6)
720
```

Rekursion ist genauso mächtig wie die Benutzung von Schleifen. In der Tat gibt es Programmiersprachen, die nur eines dieser Konzepte kennen, aber in Python kann man je nach Situation auswählen, wie man programmieren will. Oben haben wir z.B. eine Quadratspirale mit einer Schleife, also iterativ gezeichnet. Rekursiv geht das so:

```
>>>def qs(n):
         forward(n)
         left(90)
         if n<100: qs(n+10)
>>>qs(10)
```

Operationen mit Listen lassen sich auch recht elegant rekursiv umsetzen:

```
>>>def erstes(L): return L[0]
>>>def rest(L): return L[1:]
```

```
>>>rest([5,6,7,8])
[6, 7, 8]
>>>erstes([5,6,7,8])
5
>>>def summiere(L):
  if L==[]: return 0
  else: return erstes(L)+summiere(rest(L))
>>>summiere([8,3,1])
12
```

Zurück zur Grafik: Ein stark verästelter Baum wird gezeichnet durch:

```
def baum(l,n):
  if n==0:
    forward(l)
    backward(l)
    return
  else:
    forward(l)
    left(25)
    baum(l-3,n-1)
    right(50)
    baum(l-3,n-1)
    left(25)
    backward(l)
```

Das Folgende ist eine Übung zum »Sehen« der Figur, bevor sie wirklich entsteht:

```
def DF(L,n):
  if n==0 or L<10: dreieck(L)
  else:
    dreieck(L)
    forward(5)
    left(60)
    forward(5)
    right(60)
    DF(L-15,n-1)
DF(200,10)
```

Aufgaben

1. Erstellen Sie Funktionen, die alle in der Schule üblichen ebenen Figuren (Rauten, Parallelogramme, Trapeze, Drachen, Fünfecke ...) zeichnen.
2. Eine Kritik an der Turtlegrafik ist, dass die geometrische Grundfigur »Kreis« nicht direkt dargestellt wird, sondern nur approximativ zugänglich ist, indem man ein n-Eck mit sehr vielen Ecken zeichnet. Schreiben Sie eine Funktion, die einen Kreisbogen (Eingabe: Radius und Winkel) zeichnet und von Schülern als Blackbox genutzt werden könnte.
3. Schreiben Sie einen Funktionsplotter, der mit Turtlegrafik auskommt.
4. Nehmen Sie ein Buch über Fraktale zur Hand (z.B. Zeitler/Neidhard: Fraktale und Chaos) und programmieren Sie die dort beschriebenen Fraktale.

Kapitel 6: Zahlentheorie

In diesem Kapitel werden einige Konzepte der elementaren Zahlentheorie in Python umgesetzt. Dieser Gegenstand ist in sich interessant, weil es viele Fragestellungen gibt, die man numerisch-experimentierend gut untersuchen kann. Die Definitionen von Funktionen in diesem Kapitel sind zudem besonders gute Beispiele dafür, dass Programmieren auf das engste mit Begriffsbildung verwandt ist. Ein Beispiel: Die unten stehende Funktion, die prüft, ob eine Zahl eine Primzahl ist, kann als direkte Umsetzung der Primzahldefinition verstanden werden.

Von der Teilbarkeit zu den Primzahlen

Grundlage aller Zahlentheorie ist die Division mit Rest, die in Python durch die Operatoren // und % (Rest) umgesetzt wird. Man sagt, *t* teilt *n*, wenn die Division von *n* durch *t* keinen Rest lässt. Die Teiler einer Zahl *n* findet man dann, indem man aus dem Bereich 1..*n* die Zahlen auswählt, die *n* teilen:

```
def teilt(teiler,n): return n%teiler==0
def teiler(n): # Gibt eine Liste aller Teiler
  return [t for t in range(1,n+1) if teilt(t,n)]
print("Ist 5 Teiler von 37? ", teilt(5,37))
print("Die Teiler von 24 sind: ", teiler(24))
```

Auch die Definition einer Primzahl lässt sich direkt umsetzen: Eine Primzahl ist eine Zahl, die genau 2 Teiler hat, also lautet der Primzahltest:

```
def prim(n): return len(teiler(n))==2
```

Die Primzahlen zwischen *a* und *b* findet man so:

```
def primRange(a,b):
    return [p for p in range(a,b) if prim(p)]
```

In mäßig großen Zahlbereichen kann man damit auf Primzahlsuche gehen. Exorbitant große Primzahlen findet man aber nur mit sehr langen Rechenzeiten. Dafür gibt es viel bessere Verfahren. Schon das Sieb des Erathostenes ist besser, aber auch recht aufwändig zu programmieren. Die Funktion arbeitet mit einer Liste `primzahl` von Wahrheitswerten, so dass `primzahl[i]` am Ende wahr sein soll, wenn `i` eine

Primzahl ist. Die Zahlen, die als Nicht-Primzahlen erkannt worden sind, werden dann gestrichen in dem Sinne, dass sie auf `False` gesetzt werden.

```
def Sieb(n): #
    primzahl=[True]*(n+1) # Erstmal gehen wir davon aus,
                          # dass alle Zahlen prim sind
    primzahl[0]=False     # 0 und 1 sind keine Primzahlen
    primzahl[1]=False
    p=2                   # 2 ist die erste PZ
    while True:
        i=2
        while i*p<=n: # Alle Vielfachen von p streichen
            primzahl[i*p]=False
            i+=1
        q=-1 # Speicher für evtl. weitere Primzahl
        for z in range(p+1,n+1): # Naechste Primzahl suchen
            if primzahl[z] and q<0: q=z
        if q==-1: break # Keine weiteren Primzahlen, fertig
        p=q     # Die gefundene Zahl ist die naechste PZ
    return [p for p in range(2,n) if primzahl[p]]
```

Um die Abarbeitung dieser Funktion besser durchschaubar zu machen, zeigt die folgende Tabelle den Ablauf bei Aufruf von Sieb(7)

Tabelle 7.1 Berechnung von `Sieb(7)`

Befehl	Variablen / Kommentar
`primzahl=[True]*(n+1)`	n=7 primzahl=[True, True, True, True, True, True, True, True] # Anfangs werden alle Zahlen 0..n als prim vermutet

`primzahl[0]=False`
`primzahl[1]=False`
`p=2`
	primzahl=[False, False, True, True, True, True, True, True]
	p=2

`i=2`
`while i*p<=n:`
`  primzahl[i*p]=False`
`  i+=1`
	# 2*p, 3*p werden auf False gesetzt
	primzahl=[False, False, True, True, False, True, False, True]

`q=-1`
`for z in`
`    range(p+1,n+1):`
`  if primzahl[z]:`
`    q=z`
	# z wird nacheinander auf 3,4,5,6,7 gesetzt
	# Schon bei z=3 gilt primzahl[3]==True, also
	# wird q auf 3 gesetzt
	q=3

`if q==-1: break`
`p=q`
	# Da PZ gefunden wurde ist q>-1
	p=3 #die nächste Primzahl

`i=2`
`while i*p<=n:`
`  primzahl[i*p]=False`
`  i+=1`
	# 2*p, 3*p werden auf False gesetzt, wobei
	# jetzt p=3 ist
	primzahl=[False, False, True, True, False, True, False, True]

`return [p for`
`  p in range(2,n)`
`  if primzahl[p] ]`
	# Indizes mit primzahl[p]==True sind
	[2,3,5,7]

Damit erstellt man verhältnismäßig schnell große Listen von Primzahlen.

Der Algorithmus von Euklid

Der größte gemeinsame Teiler zweier Zahlen kann als direkte Umsetzung der Definition folgendermaßen gefunden werden:

```
def ggt(a,b):
    ta=teiler(a) # Teilerliste von a
    ta.reverse() # umsortiert, so dass grosse Teiler
                 # zuerst gelistet werden
    tb=teiler(b)
    for t in ta: # Teiler von a von gross nach klein
        if t in tb: return t
    return 1
```

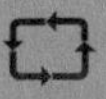

Wir machen uns jetzt auf die Suche nach einem anderen Algorithmus. Für solche Suchen (unabhängig davon, ob es wie hier um die Verbesserung oder das erste Finden eines Algorithmus für ein Problem geht) gibt es kein Verfahren, aber Strategien, die aller Erfahrung nach produktiv sind: Beispiele studieren, Regeln finden, das Problem auf einfachere Fälle reduzieren, Regeln kombinieren, Korrektheit und Anwendbarkeit prüfen. In unserem Problem gewinnt man anhand von Beispielen wie etwa ggT(48,32)=ggT(32,48), ggt(1,37)=1 u.Ä. die folgenden Regeln:

- ggT(a,a)=a
- ggT(1,a)=ggT(a,1)=1
- ggT(0,a)=ggT(a,0)=a, denn jede Zahl teilt 0.
- ggT(a,b)=ggT(b,a)

- a>b ⇒ ggT(a,b)=ggT(a-b,a) Die sogenannte Wechselwegnahme: Wenn t|a und t|b, dann folgt auch t|a-b. Umgekehrt bedeutet t|a-b, dass a-b=t·m und t|a, dass a=tn mit ganzen Zahlen n,m. Daraus folgt b=a-t·m=t·n-t·m=t· (n-m), also t|b. Jeder Teiler von a und b teilt also auch a und a-b und umgekehrt, die Teilermengen sind also gleich, insbesondere also auch der größte.
- a>b ⇒ ggT(a,b)=ggT(a mod b,a)

Die letzte Gleichung folgt aus der vorletzten: Wenn man das *b* einmal abziehen darf, dann auch häufiger und schließlich bleibt nur noch der Rest mod *b*.
Jetzt braucht man diese Regeln nur noch zu programmieren:

```
def ggT(a,b): # Rekursive Definition nach Euklid
    if a==b: return a
    if a==1 or b==1: return 1
    if a==0: return b
    if b==0: return a
    if a>b: return ggT(a%b,b)
    if a<b: return ggT(a,b%a)
```

Auch das kann noch kompakter geschrieben werden, denn es sind längst nicht alle Fallunterscheidungen notwendig (Übungsaufgabe).

Das kleinste gemeinsame Vielfache steht mit dem größten gemeinsamen Teiler in der interessanten Beziehung ggT(a,b)·kgV(a,b)=$a \cdot b$ und kann daraus berechnet werden:

```
def kgV(a,b): return a*b//ggT(a,b)
```

Nächstes Ziel ist, eine natürliche Zahl in ihre Primfaktoren zu zerlegen:

```
def primZerlegung(n):
    if n==1: return []
    if prim(n): return [n]
    for t in range(2,n):
        if teilt(t,n): return [t]+primZerlegung(n//t)
```

Die Eulersche phi-Funktion $\varphi(n)$liefert die Anzahl der zu n teilerfremden Zahlen. Das schreibt man auch direkt hin:

```
def phi(n):

    return len([i for i in range(1,n) if ggT(i,n)==1])
```

Bei der diophantischen Gleichung $ax+by=c$ werden alle Variablen als ganze Zahlen gesehen und a,b,c sind gegeben. Es gibt entweder keine ganzen Zahlen x,y, die die Gleichung lösen (dann nämlich, wenn a und b einen gemeinsamen Teiler g haben, der c nicht teilt) oder es gibt unendlich viele Lösungen.

Hilfsmittel bei der Lösung ist der erweiterte Euklidische Algorithmus, der den ggT zweier Zahlen als Linearkombination darstellt, d.h. er findet Lösungen der speziellen diophantischen Gleichung $ax+by=\text{ggT}(a,b)$.

```
def EggT(a, b): # Liefert [g,x,y] mit g=x*a+y*b=ggT(a,b)
    if b>a:
        L=EggT(b,a)
        return [L[0],L[2],L[1]] # Umdrehen, wenn b>a
    if a==b: return [a,1,0]     # denn ggT(a,a)=a=1*a+0*b
    if b==0: return [a,1,0]     # denn ggT(a,0)=a=1*a+0*b
    q=a//b
    L=EggT(b,a%b) # Also
ggT(a,b)=ggT(b,a%b)=L[1]*b+L[2]*a%b
    return [L[0],L[2],L[1]-q*L[2]]
```

Eine Testanwendung:

```
>>> EggT(152,176)
[8, 7, -6]
>>> 152*7-6*176
8
```

Warum funktioniert das? Alle Fälle sind einfach, außer dem in dem der Quotient `q` berechnet wird. Mit diesem kann man den Divisionsrest berechnen: `a%b=a-q*b`. Nach dem rekursiven Aufruf hat man dann eine Liste L mit
`ggT(a,b)==ggT(b,a%b)==L[1]*b+L[2]*a%b=`
`=L[1]*b+L[2]*(a-q*b)=L[2]*a+(L[1]-q*L[2])*b`
Daraus kann man die Koeffizienten ablesen.
Die Lösung einer diophantischen Gleichung ist eine direkte Anwendung:

```
def diophant(a,b,c): # Löst a*x+b*y=c
    g=ggT(a,b)
    if not(teilt(g,c)): return False
    lsg=EggT(a//g,b//g)
    return [c//g*lsg[1],c//g*lsg[2]]
```

Anwendung: Einfache Kryptografie

Caesar hat Botschaften verschlüsselt, indem er die Buchstaben des Alphabets um eine bestimmte Anzahl nach hinten oder vorne gerückt hat. Durch »Verschiebung 2« wird etwa aus dem Klartext FRANKFURT der Geheimtext HTCPMHWTV. Die Zahl 2 wird in diesem Zusammenhang als Schlüssel bezeichnet. Er wird bei der Verschlüsselung und bei der Entschlüsselung verwendet.

Ein Problem bei der Caesar-Verschlüsselung ist die Frage, was z.B. mit Z passiert. Am sinnvollsten schließt man den Kreis, zählt also bei A weiter. Z würde dann bei Schlüssel 2 zu B verschlüsselt.

Zur mathematischen Beschreibung werden die Buchstaben als Zahlen codiert: A=0, B=1,..., Z=25. Eine ähnliche Codierung von Zeichen durch Ziffern findet in Computern standardmäßig statt. Der ASCII-Code weist z.B. A=65, B=66, … zu.

In Python verwandelt man eine Zeichenkette in die Liste der ASCII-Codes der einzelnen Zeichen, indem man auf jedes Zeichen die Funktion `ord`[3] auf alle Zeichen einer Zeichenkette loslässt:

```
>>> [ord(c) for c in "HALLO"]
[72, 65, 76, 76, 79]
```

In der umgekehrten Richtung ergibt sich erst eine Liste von Buchstaben, die man noch zusammensetzen muss:

```
>>> [chr(x) for x in [72, 65, 76, 76, 79]]
['H', 'A', 'L', 'L', 'O']
```

Wenn man nun irgendeine mathematische Funktion (im einfachsten Fall die von Caesar) auf die Zahlen loslässt, erhält man einen Geheimtext, den man mit der inversen Funktion wieder entschlüsseln kann.

```
>>> klartext="Informatik"
>>> klarListe=[ord(c) for x in klartext]
>>> klarListe
[73, 110, 102, 111, 114, 109, 97, 116, 105, 107]
>>> def verschlüssel(x): return x+5
```

---

3 Für ein einzelnes Zeichen gibt `ord` den ASCII-Code zurück, also die Zahl, mit der das Zeichen intern gespeichert wird. Im ASCII-Code stehen die Großbuchstaben ab Nummer 65, deswegen liefert beispielsweise `ord("B")` die Zahl 66.

```
>>> geheimListe=[verschlüssele(x) for x in klarListe]
>>> geheimtext=[chr(x) for x in geheimListe]
>>> geheimtext
['N', 's', 'k', 't', 'w', 'r', 'f', 'y', 'n', 'p']
>>> def entschlüssele(x): return x-5

>>> [chr(y) for y in
      [entschlüssele(x) for x in
           [ord(c) for c in geheimtext]]]
['I', 'n', 'f', 'o', 'r', 'm', 'a', 't', 'i', 'k']
```

Alle bisher behandelten Verfahren haben eines gemeinsam: Beim Ver- und Entschlüsseln wird der gleiche Schlüssel verwendet. Solche Verfahren nennt man deshalb symmetrisch. Lange Zeit schien es selbstverständlich, dass man zum Entschlüsseln den gleichen Schlüssel benötigt, der zum Verschlüsseln eingesetzt wurde. Es war eine Sensation als 1976 W. Diffie und M. Hellman zeigten, dass dem nicht so sein muss. Damit waren die asymmetrischen Verfahren geboren. Sie ermöglichen die Kryptografie mit öffentlichen Schlüsseln.

Bei den symmetrischen Verfahren muss man den Schlüssel auf einem absolut sicheren Weg übermitteln (z.B. durch einen Boten). Bei der Verschlüsselung mit öffentlichen Schlüsseln braucht man das nicht. Zwei Personen können geheime Daten austauschen, obwohl die gesamte Kommunikation, inklusive des Austauschs der Schlüssel, von anderen mitgehört wird.

Das bekannteste Verfahren zur »public key«-Krypotografie ist die RSA-Methode von Rivest, Shamir und Adleman (1978). Jeder Teilnehmer an RSA-verschlüsselter Kommunikation braucht zwei Schlüssel, einen privaten S (secret), der nie veröffentlicht, auch nie transportiert wird, und einen öffentlichen Schlüssel P (public).

Schlüsselerzeugung

Im Gegensatz zu vielen anderen Verfahren kann man bei RSA keine beliebigen Schlüssel verwenden, sondern man braucht welche mit besonderen Eigenschaften. Dies erreicht man mit dem »Rezept«, das hier dargestellt wird:

- Wähle zwei große Primzahlen p und q (je größer desto sicherer ist die Kommunikation)
- Setze $n:=pq$, es ist $\varphi(n)=(p-1)(q-1)$
- Wähle eine Zahl e, die teilerfremd zu $\varphi(n)$ ist.
- Bestimme eine multiplikative Inverse zu e mod $\varphi(n)$, d.h. eine Zahl d mit der Eigenschaft $de\equiv 1$ mod $\varphi(n)$. (Das geht, wie wir gesehen haben, mit dem erweiterten euklidischen Algorithmus). Das Zahlenpaar (e,n) ist der öffentliche Schlüssel.
- Die Zahl d ist der geheime Schlüssel. Die Primzahlen p und q können jetzt vergessen werden, dürfen aber nicht veröffentlicht werden.

Zufällige große Primzahlen kann man finden, indem man einige große Zufallszahlen erzeugt und von da an die nächste Primzahl sucht:

```
def nextPrime(n): # gibt naechste Primzahl nach n
    kandidat=n+1
    while not(prim(kandidat)):
        if kandidat%2==1: kandidat+=2
        else: kandidat+=1
    return kandidat

# Wahl zweier zufaelliger Primzahlen:
import random
p=nextPrime(random.randint(10**4,10**5))
q=nextPrime(random.randint(10**4,10**5))
n=p*q
phiN=(p-1)*(q-1)
# Wahl von e, soll zu phi(n) teilerfremd sein
e=random.randint(n/3,phiN-1)
while not(ggT(e,phiN)==1): e+=1
print("e= ",e)
# Jetzt ist e teilerfremd zu phi(n)
[d,egal]=diophant(e,phiN,1) # d ist multiplikative
Inverse
# d kann aber noch negativ sein, deswegen …
while d<0: d+=phiN
print()
print("Öffentlich n=",n," e=",e," geheim; p=",p," q=",q,
"phi(n)=",phiN, "d=",d)
print("Teste, dass d, e multiplikativ invers sind: ",
d*e%phiN==1)
```

Damit A eine Nachricht an B schicken kann, muss B diesen Schlüsselerzeugungsprozess ausführen und die Zahlen n und e veröffentlichen.
A kodiert seine Nachricht als Zahl (oder Folge von Zahlen), die kleiner als n ist : $M<n$ (m wie message). Die Nachricht M wird mit dem öffentlichen Schlüssel von B verschlüsselt gemäß: $V(M) \quad C \quad M^e \bmod n$. Das kann man schnell hinschreiben:

```
def verschlüssele(M,n,e): return M**e%n
```

Allerdings entstehen bei der Exponentiation extrem große Zahlen, die erst am Ende mit dem %-Operator wieder »verkleinert« werden. Wesentlich schneller ist die Fassung, bei der schrittweise gerechnet wird:

```
def expmod(a,expo,n): # berechnet (a**expo)%n
  if expo==0: return 1
```

```
    if expo==1: return a
    if expo%2==1: return (a*expmod(a,(expo-1)//2,n)**2)%n
    else: return (expmod(a,expo//2,n)**2)%n
def verschlüsseleSchnell(M,n,e): return expmod(M,e,n)

klartext="Gut" # Wandelt die Nachricht in eine Zahl um
M=StrNachZahl(klartext)
C=verschlüsseleSchnell(M,n,e)
print("verschlüsselt C=",C)
```

Diese verschlüsselte Nachricht kann jetzt (auch über unsichere Kanäle) an B geschickt werden. Dieser muss die Nachricht wieder entschlüsseln. Dazu rechnet er mit seiner Entschlüsselungsfunktion: $E(C) = C^d \bmod n$

Zum Verschlüsseln benötigt man nur den öffentlichen Schlüssel, zum Entschlüsseln dagegen den geheimen – das ist die Asymmetrie. Für die Kommunikation von A nach B sind nur die Schlüssel von B nötig, die Schlüssel von A werden nur für den umgekehrten Weg benötigt.

```
def entschlüsseleSchnell(C,n,d): return expmod(C,d,n)

Ment=entschlüsseleSchnell(C,n,d)
print("Entschlüsselter Text:", ZahlNachStr(Ment))
```

Man muss sich vergewissern, dass dieses Verfahren korrekt funktioniert: Wenn M zunächst verschlüsselt und danach entschlüsselt wird, sollte sich wieder M ergeben. Der Beweis dafür ist gar nicht so lang:

$E(V(M)) = (M^e)^d \bmod n = M^{ed} \bmod n = M^{1+k\cdot\varphi(n)} \bmod n = M \cdot \left(M^{\varphi(n)}\right)^k \bmod n$

Hier wurden die Potenzgesetze angewendet und die Eigenschaft $de \equiv 1 \bmod \varphi(n)$ wurde in der Form $de = 1+k\ \varphi(n)$ eingesetzt. Nun braucht man den Satz von Euler, der mit unseren Variablen besagt: Wenn ggT(M,n)=1, dann gilt $M^{\varphi(n)} \equiv 1 \bmod n$. Damit ist im Fall ggT($M,n$)=1 schon klar, dass $E(V(M)) = M$. Falls aber ggT(M,n)>1, dann kann dieser gemeinsame Teiler nur eine von Bs geheimen Primzahlen p oder q sein, weil ja $n=pq$. Nehmen wir an, es ist p. Dann ist M mod p=0, also auch $M^{e_B d_B} \bmod p = 0$. Es gilt dann auch, dass q M nicht teilt, denn sonst würde sogar $pq=n$ das M teilen, aber M ist kleiner als n. Außerdem folgt, wenn wir die Rechnung von oben noch etwas genauer auseinander nehmen und den kleinen Satz von Fermat verwenden:

$M^{e\,d} \bmod q = M^{1+k\varphi(n)} \bmod q = M^{1+k(p-1)(q-1)} \bmod q = M \cdot \left(M^{q-1}\right)^{k(p-1)} \bmod q =$

$M \cdot (1)^{k(p-1)} \bmod q = M \bmod q$

Wir haben dann: $M^{ed} \bmod q = M, M^{ed} \bmod p = 0$. Nach dem chinesischen Restsatz haben diese Kongruenzen eine eindeutige Lösung und die ist M.

Damit haben wir gezeigt, dass das Verfahren korrekt ist, also wieder die ursprüngliche Nachricht entsteht, aber ist es auch so sicher, dass niemand ohne den geheimen Schlüssel den Klartext finden kann?

Nun, wenn es einem Angreifer gelingt, *n* in die Primfaktoren zu zerlegen, dann kann er den Klartext aus dem Geheimtext gewinnen.

Nehmen wir an, jemand kennt *C, n, e*. Dann kann er versuchen, *n* in Faktoren zu zerlegen. Die oben definierte Primfaktorzerlegung ist dazu zu langsam. Schneller ist:

```
def faktor(n):
    p=2
    while not(teilt(p,n)): p=nextPrime(p)
    return p
```

Damit kann man rechnen:

```
P= faktor(n)
Q=n/P
PHI=(P-1)*(Q-1)
[D,egal]=diophant(e,PHI,1)
entschlüsseleSchnell(C,n,D)
```

Die Sicherheit des RSA-Verfahrens setzt also voraus, dass der Angreifer es nicht schafft, n zu faktorisieren. Das erreicht man durch die Wahl von sehr großen Primzahlen p und q, sodass selbst n viele hundert Stellen hat. Man geht davon aus, aber es ist (noch?) nicht bewiesen, dass es keinen schnellen Algorithmus zur Faktorisierung gibt. Neben der Faktorisierung könnte es noch andere Arten von Angriffen geben. Man geht aber nicht davon aus, dass es diese gibt. Insgesamt gibt es damit zwei unbewiesene, aber plausible Aussagen, die für die Sicherheit von RSA notwendig sind. Trotzdem beruht u.a. die Sicherheit des Zahlungsverkehrs mit EC-Karten auf diesem Verfahren.

Aufgaben

1. Programmieren Sie eine Funktion tau, die die Summe der Teiler einer Zahl berechnet. Suchen Sie damit nach perfekten Zahlen (das heißt solche, bei denen die Teilersumme gerade doppelt so groß ist wie die Zahl selbst).
2. Vereinfachen Sie den Euklidischen Algorithmus, so dass weniger Fallunterscheidungen benötigt werden.
3. Schreiben Sie eine Funktion, die Zahlen findet, die genau drei (genau vier) Teiler haben und untersuchen Sie diese.
4. Eine ganze Zahl *a* nennt man quadratischen Rest modulo *n*, wenn es ganze Zahlen *x*, *k* gibt mit $x^2=a+kn$. Das ist äquivalent damit, dass x^2-a durch *n* teilbar ist. Schreiben Sie eine Funktion, die prüft, ob *a* ein quadratischer Rest ist und ggf. Lösungen für *x* ausgibt.

Kapitel 7: Klassische Numerische Algorithmen I: Berechnung von Funktionen

Im Mathematikunterricht wird eine Reihe von Funktionen behandelt, bei denen die Definition zunächst nicht sagt, wie Funktionswerte berechnet werden können. Die Sinusfunktion wird in der Regel geometrisch eingeführt als Quotient aus Gegenkathete und Hypotenuse in einem rechtwinkligen Dreieck mit gegebenem Winkel. Der Funktionswert kann damit nur so genau bestimmt werden, wie Dreiecke gezeichnet und vermessen werden können. Genauere Werte liefert nur die Blackbox Taschenrechner auf geheimnisvolle Weise.

Bei den Grundrechenarten ist das anders, man lernt die Algorithmen und kann an diesen sogar einige interessante Beobachtungen machen, etwa dass eine Division entweder eine abbrechende oder eine periodische Dezimalzahl liefern muss. Analog kann es auch lehrreich sein, sich damit zu beschäftigen, wie die Berechnung weiterer Funktionen auf die Grundrechenarten zurückgeführt werden kann.

Wurzeln und Potenzen

Als Hilfsmittel verwenden wir die Betragsfunktion, die zwar als `abs` auch im Modul `math` vorhanden ist, bei der aber auch die programmtechnische und die mathematische Definition in schöner Analogie stehen:

```
def betrag(x):
    if x<0: return -x
    else: return x
```

Zur Berechnung der Quadratwurzel einer Zahl kann die Idee von Heron benutzt werden, bei der die Quadratwurzel aus a als Länge der Seite eines Quadrats mit Flächeninhalt a gedeutet wird. Weil diese Quadratseite nicht direkt zugänglich ist, nimmt man ein Rechteck mit den Seitenlängen x und a/x her. Damit hat man die richtige Fläche, aber die Seiten werden im Allgemeinen unterschiedlich lang sein, eine ist kürzer als beim Quadrat, eine länger. Also dürfte der Mittelwert näher am Quadrat liegen und kommt daher als neuer Näherungswert in Frage.

Dies zeigt eine allgemeine Strategie zur Gewinnung von numerischen Verfahren auf, die sich iterativ in einer Schleife (oder auch rekursiv) dem gesuchten Wert immer weiter annähert: Man startet mit einem Wert, der noch nicht die gewünschte Eigenschaft hat, und sucht Regeln, die die Abweichung vom gewünschten Ziel verringern.

Für die kompakte Umsetzung benutzen wir noch einen Python-Kniff: Optionale Parameter mit Defaultwert:

```
>>> def f(x,y=1): return x+y
>>> f(5,7)
12
>>> f(8)
9
```

Eine so definierte Funktion kann mit einem oder zwei Parametern aufgerufen werden. Falls der zweite Parameter fehlt, wird er mit dem Standardwert 1 angenommen. Bei `heron` wird das benutzt, um den Startwert für die erste Rechteckseite vorzugeben:

```
def heron(a,x=1.0):
    if betrag(a-x*x)<0.0000000001: return x
    xneu=(x+a/x)/2
    return heron(a,xneu)
print("Wurzel aus zwei ist:", heron(2))
```

Es mag naheliegend erscheinen, die zweite Zeile als `if a==x*x: return x` zu formulieren. Dies wäre aber eine mögliche Fehlerquelle: Da wir mit Fließpunktzahlen rechnen, die nur eine bestimmte Genauigkeit haben, könnte es sein, dass diese Bedingung nie exakt erfüllt wird. Deswegen sollte man in numerischen Algorithmen nie auf exakte Gleichheit testen, sondern immer darauf, ob die Differenz vom Betrag her kleiner als eine gewählte Grenze ist.

Die obige Fassung des Heronalgorithmus arbeitet rekursiv, um die schrittweise Verbesserung des Näherungswertes zu erreichen. Eine gleichwertige Realisation mit einer Schleife ist auch möglich:

```
def heron(a,x=1.0):
    while True:
        if betrag(a-x*x)<0.0000000001: return x
        x=(x+a/x)/2
```

Die Quadratwurzel ist die Potenzierung mit ½. Andere Potenzen lassen sich auch in den Griff kriegen. Besonders einfach ist natürlich das Quadrieren:

```
def quadrat(x): return x*x
```

Bei allgemeinen Potenzen geht man mithilfe einer Fallunterscheidung vor: Negative Exponenten werden als Kehrwert der Potenz mit entsprechendem positiven Exponenten verstanden, die Spezialfälle der Exponenten 0 und 1 werden behandelt. Für den Fall eines Exponenten $y>1$ benutzt man $x^y=x\cdot x^{y-1}$, um den Exponenten kleiner zu machen (das ist wieder ein Ausdruck der oben beim Heron-Verfahren vorgestellten Strategie). Für Exponenten zwischen 0 und 1 braucht man eine clevere Idee: Man kann den Exponenten vergrößern, indem man aus der Basis die Wurzel zieht: $x^y=(x^{½})^{2y}$. Zusammen mit der Regel für Exponenten >1 ergibt sich so eine Folge von Berechnungen, die irgendwann beim Exponenten 1 landet – und zwar so sicher, dass wir hier ausnahmsweise gegen die oben aufgestellte Empfehlung, nicht direkt auf Gleichheit zu testen, verstoßen können.

```
def Power(x,y):
   if y<0: return 1/Power(x,-y)
   if y==1.0: return x
   if y==0.0: return 1.0
   if y>1: return x*Power(x,y-1)
   if y<1: return Power(heron(x),2*y)

print("3- Wurzel aus 8 ist ", Power(8,1/3))
```

Diese Variante geht davon aus, dass irgendwann der Exponent y durch fortgesetzte Subtraktion von 1 in der Nähe von 1 landet – das kann aber lange dauern. Effizienter ist die folgende Variante, die bei großen Exponenten diesen gleich halbiert:

```
def Power(x,y):
   if y<0: return 1/Power(x,-y)
   if betrag(y-1)<0.000001: return x
   if y==0.0: return 1.0
   if y>=2: return Power(x*x,y/2.0)
   if y>1: return x*Power(x,y-1)
   if y<1: return Power(heron(x),2*y)
```

Die Winkelfunktionen

Schlüssel zur Berechnung der trigonometrischen Funktionen sind die Additionstheoreme.

Der Flächeninhalt eines Dreiecks mit Höhe h über Seite c kann so ausgerechnet werden: $A=\frac{1}{2}\cdot h\cdot c=\frac{1}{2}\cdot\sin(\alpha)\cdot b\cdot c$ (wenn α der Winkel zwischen b und c ist).

Aus der Flächenberechnung ergibt sich das Additionstheorem: Dazu berechnet man den Flächeninhalt des großen Dreiecks ADC direkt und als Summe der Teildreiecke:

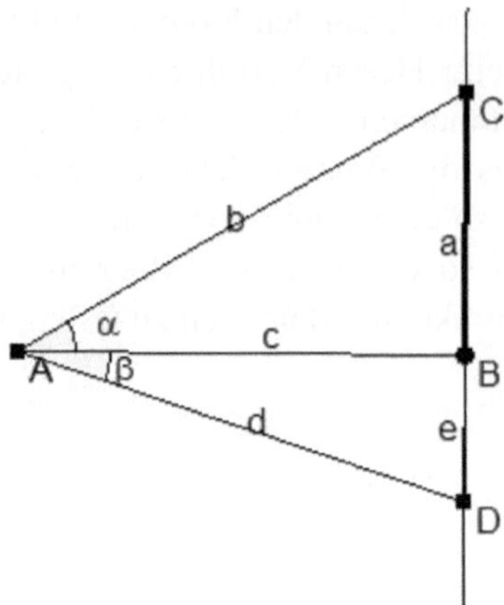

Bei B liegt ein rechter Winkel vor.

$$A_{ADC} = \frac{1}{2} \cdot \sin(\alpha + \beta) \cdot b \cdot d$$

$$A_{ADC} = A_{ABC} + A_{ABD} = \frac{1}{2} \cdot \sin(\alpha) \cdot b \cdot c + \frac{1}{2} \cdot \sin(\beta) \cdot c \cdot d$$

Gleichsetzen und Division durch *bd/2* liefert:

$$\sin(\alpha + \beta) = \sin(\alpha) \cdot \frac{c}{d} + \sin(\beta) \cdot \frac{c}{b}$$

Nun gilt im unteren Teildreieck $\cos(\beta) = \frac{c}{d}$ und im oberen Dreieck $\cos(\alpha) = \frac{c}{b}$.

Damit folgt das Ergebnis: $\sin(\alpha + \beta) = \sin(\alpha) \cdot \cos(\beta) + \sin(\beta) \cdot \cos(\alpha)$

Der analoge Satz für den Cosinus ist: $\cos(\alpha + \beta) = \cos(\alpha) \cdot \cos(\beta) - \sin(\beta) \cdot \sin(\alpha)$ (das kann man erhalten durch die Beziehung von sin und cos).

Die Additionstheoreme können benutzt werden, um die Berechnung von sin(x) auf die von sin(x/2) zurückzuführen.

sin(x)=sin(x/2+x/2)=2·sin(x/2) ·cos(x/2)=2·sin(x/2) sqrt(1-sin(x/2)²)

Durch fortgesetzte Halbierung wird der Wert sehr schnell kleiner und für x nahe bei 0 kann man sin(x)≈x und cos(x) ≈1 nähern.

Die direkte Umsetzung ist:^

```
def mysin(x):
    if betrag(x)<0.00001: return x
    return 2*mysin(x/2)*heron(1-quadrat(mysin(x/2)))
```

Deutlich schneller geht es aber, wenn man sin(x/2) nur einmal berechnet:

```
def mysin(x):
    if betrag(x)<0.00001: return x
```

```
    sinxhalbe=mysin(x/2)
    return 2*sinxhalbe*heron(1-quadrat(sinxhalbe))

for w in range(10,100,10):
    x=w/180*math.pi
    print(w," x=",x,"sin=",math.sin(x)," mysin=",mysin(x))
```

Analoge Überlegungen führen zum Cosinus:

```
def mycos(x):
    if betrag(x)<0.00001: return 1-x*x/2
    return 2*quadrat(mycos(x/2))-1
```

Logarithmus

Dem Logarithmus kann man sich auf verschiedene Weise nähern: Als Umkehrfunktion zum Potenzieren sucht man systematisch nach einem Wert, der potenziert das x ergibt ($y=\log_b(x) \Leftrightarrow b^y=x$):

```
def mylog0(x,b):
    if x<1: return -mylog0(1.0/x,b)
      # benutzt log(x)=log(1/(1/x))=-log(1/x)
    y0=0.0 # Startwert
    delta=0.001
    while Power(b,y0)<x:
        y0=y0+delta
    return y0
```

Das ist aber langsam und ungenau. Besser ist es, ein Intervall systematisch zu halbieren:

```
def mylog(x,b):
    y1=-1000.0 # Es werden nur Loesungen im Intervall
    y2=1000.0  # y1..y2 gesucht
    while True:
        if y2-y1<0.000001: return (y1+y2)/2 #
Genau genug?
        x1=Power(b,y1)
        x2=Power(b,y2)
        if not(x1<x and x<x2):
            print("Wert sehr gross oder klein-Fehler")
            return
```

```
        my=(y1+y2)/2     # Intervall-Mitte
        mx=Power(b,my)   # Zugehöriger x-Wert
        if mx==x: return my # Treffer
        if mx<x: y1=my
        if mx>x: y2=my
```

Die dritte Möglichkeit besteht darin, den natürlichen Logarithmus als Integral über die Kehrwertfunktion $f(x)=1/x$ zu berechnen: $\ln(x) = \int_1^x \frac{1}{t}\,dt$

Die Berechnung des Integrals kann über Rechteckstreifen erfolgen, oder – was wesentlicher genauer ist – über Trapeze: Man approximiert den Funktionsgraphen zwischen $(x|f(x))$ und $(x+\delta|f(x+\delta))$ durch eine Strecke und erhält so ein Trapez (die anderen beiden Eckpunkte sind $(x|0)$ und $(x+\delta|0)$).

Der Flächeninhalt ist: $\frac{f(x)+f(x+\delta)}{2}\cdot\delta$. Im Programm wird mit $x=a+i\cdot\delta$ gerechnet:

```
def integral(f,a,b):
    n=10000        # Zahl der Streifen
    delta=(b-a)/n # Streifenbreite
    s=0.0          # Summe
    for i in range(n):
        s=s+0.5*(f(a+i*delta)+f(a+(i+1)*delta))*delta
    return s

def myln(x):
    def kehrwert(x): return 1/x
    return integral(kehrwert,1.0,x)

print("ln(4.2)=",math.log(4.2),":",myln(4.2))
```

Aufgaben

1. Nutzen Sie das Additionstheorem für den Tangens für eine approximative Berechnung.
2. Für kleine $x\approx1$ gilt $\ln(x)\approx x-1$. Für beliebige x kann man schreiben $x=(x^{1/2})^2$. Entwickeln Sie daraus eine Methode, den natürlichen Logarithmus zu berechnen.
3. Finden Sie eine kreative Methode, die Umkehrfunktion des Sinus zu berechnen. Der Sinus selbst kann dabei als Blackbox benutzt werden.

Kapitel 8: Klassische Numerische Algorithmen II: Nullstellen, Ableitungen, Integrale

Im vorhergehenden Kapitel wurden Umkehrfunktionen berechnet, indem Nullstellen einer Funktion bestimmt wurden. Die Bestimmung von Nullstellen $f(x)=0$ ist aber auch ganz allgemein wichtig. Man denke nur daran, dass das Ableitungskalkül Extremwertprobleme auf Nullstellenprobleme zurückführt.

Iterative Nullstellensuche

Es gibt verschiedene Strategien, nach Nullstellen zu suchen. Grob kann man in solche Verfahren einteilen, die die Ableitung der Funktion benötigen, und solche, die diese nicht brauchen.
Ein Verfahren der ersten Art ist die Bisektion. Man benötigt zwei Stellen a und b, an denen die Funktionswerte unterschiedliches Vorzeichen haben, d.h. es darf nicht $f(a)\cdot f(b)>0$ sein. Wenn die Funktion stetig ist, liegt dann mindestens eine Nullstelle im Intervall. Man bestimmt den Mittelpunkt m von a und b und wählt aus $[a,m]$, $[m,b]$ das Intervall, das eine der Nullstellen enthält, an dessen Enden also das Produkt der Funktionswerte nicht positiv ist.

```
def bisekt(f,a,b):
    if f(a)*f(b)>0:
        print("Kein Vorzeichenwechsel-keine Lösung")
        return
    while b-a>0.00001:
        m=(a+b)/2
        if f(m)*f(a)<=0: # Vorzeichenwechsel zw. a und m
            b=m          # Neues Intervall a..m
        if f(m)*f(b)<=0: # Vorzeichenwechsel zw. m und b
            a=m
    return (a+b)/2
def fu(x): return x*x-15
print("Bisektionsnullstelle von f : x=",bisekt(fu,0,10))
```

Man sollte bemerken, dass man – anders als evtl. aus Computeralgebrasystemen bekannt – nicht einen Funktionsterm, sondern eine Python-Funktion als Eingabe für `bisekt` angibt.

Das Bisektionsverfahren verwendet nur Funktionswerte. Wenn die Funktion differenzierbar ist, kann man das nutzen, um schneller in die Nähe einer Nullstelle zu kommen. Das bekannteste Verfahren unter Ausnutzung der Ableitung ist das Newton-Verfahren. Die Grundidee ist die lineare Approximation der Funktion als Ersatz für die Funktion zu verwenden: Ausgehend von einer beliebigen Stelle x_0 gilt für kleine h die Approximation $f(x_0+h)\approx f(x_0)+f'(x_0)\cdot h$. Man möchte h so wählen, dass man zur Nullstelle kommt, also $f(x_0)+f'(x_0)\cdot h=0$. Daraus kann h bestimmt werden. Man iteriert diesen Schritt bis der Betrag des Funktionswertes sehr klein ist. Die Ableitung kann man aus dem Differenzenquotienten approximativ bestimmen.

```
def ableitung(f,x):
    h=0.00001
    return (f(x+h)-f(x))/h

# Newton
# f(x+h)=f(x)+h*f'(x)=0, also h=-f(x)/f'(x)
def newton(f,x0):
    while abs(f(x0))>1e-15:
        x0+=-f(x0)/ableitung(f,x0)
    return x0

print("Newton: Nullstelle von f : x=",newton(f,0))
print("pi-Newton: pi=",newton(sin,3))
```

Die Berechnung der Ableitung wird noch etwas genauer, wenn man den beidseitigen Differenzenquotienten verwendet:

```
def ableitung2(f,x):
    h=0.00001
    return (f(x+h)-f(x-h))/(2*h)
```

Eine andere Verbesserung besteht darin, die Ableitung als Operator-Funktion D zu definieren, die als Ergebnis wieder eine Funktion liefert. Das mag etwas ungewohnt sein, ist aber ungemein praktisch und stellt einen wichtigen Prototypen dar: Funktionen, die Funktionen erzeugen.

```
def D(f):
    def ableitung(x):
        h=0.00001
        return (f(x+h)-f(x-h))/(2*h)
    return ableitung
```

Dann berechnet D(sin) eine Funktion, die dem Cosinus entspricht:

```
>>> co=D(sin)
>>> for x in range(1,5):
print("cos(x)=",cos(x),"D(sin)(x)=",co(x))
cos(x)= 0.540302305868 D(sin)(x)= 0.540302305857
cos(x)= -0.416146836547 D(sin)(x)= -0.41614683654
cos(x)= -0.9899924966 D(sin)(x)= -0.98999249659
cos(x)= -0.653643620864 D(sin)(x)= -0.653643620846
```

Mit der Definition der Testfunktion `def f(x): return x**2 + 3*x - 5` ergibt sich damit:

```
>>> print("Extremstelle bei ",newton(D(f),0))
Extremstelle bei -1.5
```

Eine Schwachstelle der bisher gezeigten Funktionen zur Nullstellenbestimmung ist, dass man bestenfalls eine Nullstelle findet. Falls man vermutet, dass es mehrere Nullstellen gibt, sollte man in einem Intervall systematisch nach Vorzeichenwechsel suchen und dort mit Bisektion genauer suchen. Allerdings gibt es ja auch Nullstellen ohne Vorzeichenwechsel, die mit Bisektion prinzipiell nicht gefunden werden können. Aus diesem Grunde startet das folgende Programm eine Suche mit Newton, wenn es einen auffallend kleinen Funktionswert findet.

```
def nullAuto(f,a,b):
    n=1000 # Zahl der Probestellen
    nullst=[]
    xalt=a
    for i in range(1,n):
        x=a+(b-a)/n*i
        if f(x)*f(xalt)<=0: # Vorzeichenwechsel gefunden
            nullst.append(bisekt(f,xalt,x))
        if abs(f(a))<0.1: # auffällig kleiner Wert:
            nullst.append(newton(f,x))
        xalt=x
    return nullst
print("Nullstellen von f: ",nullAuto(f,-100,100))
```

Das liefert:

```
Nullstellen von f: [-4.192581176757801,
1.1925811767578154]
```

Aufgaben

1. Bestimmen Sie einen Differenzenquotienten für die zweite Ableitung und berechnen Sie diesen analog zum Differenzenquotienten im Kapitel sowohl direkt, als auch mit einer Funktion, die die zweite Ableitung als Funktion bereitstellt. Nutzen Sie das, um die Wendestelle von $x \cdot (x-1)^2$ zu bestimmen.
2. Schreiben Sie ein Programm, das eine Kurvendiskussion abspult.
3. Suchen Sie nach möglichen Unstetigkeitsstellen einer Funktion.

Kapitel 9: Optimierung

Bestimmte Größen zu minimieren oder andere zu maximieren ist eine Aufgabenstellung, der man fast überall begegnet: Kosten und Energieverbrauch sollen minimiert, Gewinne und Wirkungsgrad maximiert werden. Sofern die Zusammenhänge durch Funktionen beschrieben werden können, sind mathematische Algorithmen in der Lage, Antworten zu geben – und zwar auch dann, wenn die Fragestellungen komplexer sind als die Extrema einer reellwertigen Funktion in einer Variablen, wie sie in der Schule behandelt wird.

Suchverfahren

Kehren wir nochmal zur Funktionstabellierung in der einfachen Form zurück:

```
>>> for x in range(1,10):
        print(x**2 + 3*x + 5)
```

Wo hat die Funktion ihr Minimum? Das kann man aus den Werten ungefähr ablesen. Bei kleinerer Schrittweite geht das noch genauer, aber dann muss man eine riesige Tabelle betrachten. Es ist viel praktischer, den kleinsten Funktionswert vom Programm suchen zu lassen.

Dabei wird eine Variable `xmin` mitgeführt, die die beste bisher gefundene Stelle speichert. Das ist eine typische Verwendung von Variablen und hat sogar einen Namen: `xmin` ist ein most-wanted-holder.

```
x0=-5
x1=5
step=0.0001
xmin=x0
for i in range(0,int((x1-x0)/step)):
    x=x0+i*step
    if f(x)<f(xmin):
        xmin=x
print("Minimum bei x=",xmin,
" f an dieser Stelle ist=",f(xmin))
```

Für die oben definierte Funktion `f` liefert das die Ausgabe:

```
Minimum bei x= -1.5  f an dieser Stelle ist= 2.75
```

Wieder bietet es sich an, das alles in eine bequem zu benutzende Funktion zu verpacken:

```
def mini(f,x0,x1,step):
    xmin=x0
    for i in range(0,int((x1-x0)/step)):
        x=x0+i*step
        if f(x)<f(xmin):
            xmin=x
    return xmin
```

Eine Anwendung ist beispielsweise die folgende Bestimmung des ersten Minimums der Cosinus-Funktion, das bekanntlich bei π liegt:

```
xmin=mini(cos,0,5,0.0001)
print("Minimum des cos bei x=",xmin,
    " cos dort ist=",cos(xmin))
```

Mit der Ausgabe:

```
Minimum des cos bei x= 3.1416  cos dort ist= -
0.999999999973
```

Wie bei der Nullstellensuche gibt es verschiedene Strategien, den Algorithmus zu verbessern. Wenn die zu minimierende Funktion differenzierbar ist, kann man versuchen, eine Parabel an die Funktion anzupassen und dann das Minimum der Parabel als verbesserten Näherungswert betrachten. Um die Parabel $p(x)=ax^2+bx+c$ an der Stelle x_0 an die Funktion f anzupassen, bestimmt man die Werte von a,b,c so, dass $f(x_0)=p(x_0)$, $f'(x_0)=p'(x_0)$, $f''(x_0)=p''(x_0)$. Die letzte Gleichung ist $f''(x_0)=2a$, also $a=\frac{1}{2}f''(x_0)$. Das setzt man in die zweite Gleichung ein usw. Insgesamt ergibt sich:
$a=\frac{1}{2}f''(x_0).$, $b=f'(x_0)-x\cdot f''(x_0)$, $c=\frac{1}{2}(x_0^2\cdot f''(x_0)-2\cdot x_0\cdot f'(x_0)+2\cdot f(x_0))$

Der Scheitelpunkt der Parabel liegt bei $-b/(2a)$. Umgesetzt:

```
def abl1(f,x): # Approximation der ersten Ableitung
    h=0.000001
    return (f(x+h)-f(x))/h
def abl2(f,x): # Approximation der zweiten Ableitung
    h=0.000001
    return (abl1(f,x+h)-abl1(f,x))/h

def minipar(f,x0):
    while True:
        a=0.5*abl2(f,x0)
```

```
        b=abl1(f,x0)-x0*abl2(f,x0)
        c=0.5*(x0**2*abl2(f,x0)-2*x0*abl1(f,x0)+2*f(x0))
        x1=-b/(2*a)
        if abs(x1-x0)<0.0000001: return x1
        x0=x1
```

Mit diesen Definitionen liefert `minipar(cos,2)` wie zu erwarten einen guten Näherungswert für die Kreiszahl pi.

Als schulübliche Anwendung betrachten wir die Optimierung des Blechverbrauchs einer zylindrischen Dose (Radius r, Höhe h), die ein Volumen von 850 cm^3 haben soll. Es gilt dann, die Oberfläche $O=2\pi rh+2\pi r^2$ unter der Nebenbedingung $\pi r^2h=850$ zu minimieren. Umstellen und Einsetzen liefern: $h=850/(\pi r^2)$, $O=1700/r+2\pi r^2$

```
>>> def oberfl(r):
  return 1700/r+2*pi*r*r
>>> minipar(oberfl, 1)
5.1334930314427138
```

Mit dem einfachen Algorithmus `mini` von oben sieht das so aus:

```
>>> mini(oberfl, 1,10,0.001)
  5.133
```

Schon dieser Algorithmus, der ohne Ableitungen auskommt, bestimmt also eine Lösung mit einer Genauigkeit, die für praktische Fragestellungen vollkommen ausreichend ist. Nachteil ist natürlich, dass man ein Suchintervall angeben muss. Wenn man das falsch schätzt, wird man die gesuchte Lösung nicht finden. Mit den Grenzen 1 und 3 liefert `mini` den Wert `2.9990000000000001`. Das klebt so am Intervallrand, dass man da weiter suchen sollte.

Der Algorithmus in `minipar` ist in dieser Hinsicht besser, weil er nur einen Startwert benötigt, aber auch er ist nicht optimal: `minipar(cos,1)` liefert –5.00017314863e-07, also fast 0 und an dieser Stelle liegt beim Cosinus ein Maximum, kein Minimum. Es ist klar: Wenn man an einer Stelle arbeitet, an der die 2. Ableitung negativ ist, entsteht eine nach unten geöffnete Parabel, d.h. man läuft in Richtung des Maximums. Um das zu vermeiden, sollte man das Vorzeichen prüfen und ggf. nur linear suchen. Und selbst wenn die zweite Ableitung positiv, aber sehr klein ist, droht Gefahr: Kleine 2. Ableitung bedeutet kleine Krümmung, d.h. man ist in der Parabel sehr weit vom Scheitelpunkt weg. Ein so großer Schritt könnte aber zu groß sein. Die Korrekturen führen auf die folgende stabile Variante von `minipar`:

```
def miniparstabil(f,x0):
    while True:
```

```
        a=0.5*abl2(f,x0)
        if a<0.0001: # keine nach oben geoeffnete Parabel
            abl=abl1(f,x0)
            if abl>0: x1=x0-0.01 # Schritt nach links
            else:
                if abl<0: x1=x0+0.01 # Schritt nach rechts
                else: return x0
        else: # Normaler Iterationsschritt
            b=abl1(f,x0)-x0*abl2(f,x0)
            c=0.5*(x0**2*abl2(f,x0)-
              2*x0*abl1(f,x0)+2*f(x0))
            x1=-b/(2*a) # Das waere der neue Wert
            x1=x0+(x1-x0)*min(a,1) # Bei kleinem a
                                   # nicht so weit
        if abs(x1-x0)<0.0000001: return x1
        x0=x1
```

Jetzt liefert `miniparstabil(cos,1)` wie man hofft `3.14159207235`.

Minimierung mit Klammerungen

Dieser Abschnitt kann beim ersten Lesen übersprungen werden. Er zeigt eine weitere Methode zur eindimensionalen Minimierung. Diese ist etwas langsamer als die oben dargestellte, funktioniert aber auch bei nicht-differenzierbaren, (aber stetigen!) Funktionen gut. Sie ist auch deswegen interessant, weil sie eine Analogie zur Bisektion bei der Nullstellensuche darstellt. Dort konnte man ja bei stetigen Funktionen sicher sein, dass es in einem Intervall $[a,b]$ eine Nullstelle gibt, wenn an den Intervallenden die Funktionswerte unterschiedliche Vorzeichen haben. Die Übertragung dieser Idee ist die der Klammerung: Gegeben eine stetige Funktion f und die Zahlen $a<b<c$, dann bilden diese eine Minimumklammer, wenn $f(a)>f(b)$ und $f(b)<f(c)$ gilt. In diesem Falle liegt ein Minimum von f im Inneren des Intervalls $[a,c]$. Wir schreiben Klammerungen als Listen von drei Zahlen. Dann kann man mittels eines Programms prüfen, ob eine Klammerung vorliegt:

```
def istKlammer(f,K):
    return f(K[0])>=f(K[1]) and f(K[1])<=f(K[2])
```

In jedem Iterationsschritt versucht man, die Klammer kleiner zu machen, also c-a kleiner zu machen. Dazu bildet man zwischen a und b und zwischen b und c die Mittelwerte und prüft, ob diese Zahlen neue Klammerungen bilden:

```
def verbessere(f,K):
    [a,b,c]=K
    if not(istKlammer(f,K)):
        print("!!!!!!!!!!!!!, keine Klammer:",K)
    if istKlammer(f,[(a+b)/2.0,b,c]):
        [a,b,c]=[(a+b)/2.0,b,c]
    if istKlammer(f,[a,b,(c+b)/2.0]):
        [a,b,c]=[a,b,(c+b)/2.0]
    if istKlammer(f,[a,(a+b)/2.0,b]):
        [a,b,c]=[a,(a+b)/2.0,b]
    if istKlammer(f,[b,(b+c)/2.0,c]):
        [a,b,c]=[b,(b+c)/2.0,c]
    return [a,b,c]
```

Im Iterationsschritt wird die Klammerung wiederholt verbessert. Dabei hat man auch die genaue Kontrolle über die Genauigkeit.

```
def miniKlammer(f,K):
    while K[2]-K[0]>0.00000001:
        K1=verbessere(f,K)
        if K==K1 : return K
        K=K1
    return K
print("miniKlammer:  startwert 1,2,5 : ",
      miniKlammer(cos,[1,2,5]))
```

Das liefert, wie erhofft, pi. Allerdings ist es schon sehr mühsam, von Hand eine Klammerung zu finden. Vor allem, wenn man den Verlauf der Funktion nicht genau kennt, ist das schwierig. Man sollte also eine Ausgangsklammer suchen lassen. Dazu geht man von einer Stelle x_0 aus, prüft durch Vergleich mit $f(x_0+\delta)$, ob die Funktion steigt oder fällt, und sucht in der gefundenen Richtung des Abfallens nach einem erneuten Ansteigen.

```
def findeKlammer(f,x0):
    delta=0.01
    f0=f(x0)
    if f(x0+delta)<f0:
        a=x0
        b=x0+delta
        fb=f(b)
        for i in range(1,30):
            if f(b+2**i*delta)>fb:
```

```
                return [a,b,b+2**i*delta]
        if f(x0+delta)>f0:
            b=x0
            c=x0+delta
            fb=f(b)
            for i in range(1,30):
                if f(b-2**i*delta)>fb:
                    return [b-2**i*delta,b,c]
        print("Keine Klammerung gefunden")
        return []
```

Zusammengesetzt ergibt sich eine bequem zu bedienende Minimierungsfunktion:

```
def miniK(f,x0):
    K=findeKlammer(f,x0)
    if K==[]: return []
    else: return miniKlammer(f,K)[1]
print("miniK cos :  startwert 1 : ", miniK(cos,2))
```

Mehrdimensionale Minimierung I

Funktionen, die von mehr als einer Variablen abhängen, kommen häufig vor. Beispiel: Welcher Punkt (x,y) hat im Dreieck (1,3), (5,2), (4,7) die kleinste Abstandssumme von den Eckpunkten? Dann fragt man also nach dem Minimum der Funktion:

```
def f(x,y):
   return sqrt((x-1)**2+(y-3)**2)+
          sqrt((x-5)**2+(y-2)**2)+
          sqrt((x-4)**2+(y-7)**2)
```

Auch der Oberflächeninhalt des Zylinders ist eine solche Funktion von mehreren Variablen, r und h. Solche Funktionen kann man programmieren als `def f(r,h):...` .

Eine andere, hier besonders geschickte Variante ist, einer Funktion eine Liste der Parameter zu übergeben:

```
def f(Parameter):
    r=Parameter[0]
    h=Parameter[1]
    . . .
```

Dadurch wird es möglich, gleich eine Optimierungsfunktion zu schreiben, die Funktionen mit beliebig vielen Variablen behandelt.

Eine Testfunktion mit offensichtlichem Minimum bei (5|7) lautet dann z.B.:

```
def f2test(A):
    return (A[0]-5)**2+(A[1]-7)**2
```

Eine Strategie zur Minimierung einer solchen Funktion kann man von Physiklehrern lernen: »Zur Untersuchung eines Phänomens hält man alle Größen bis auf eine konstant«. Wenn man das macht, entsteht jeweils eine Funktion, die nur von einer Variablen abhängt, also mit den obigen Methoden minimiert werden kann. Aus `f2test` kann man beispielsweise gewinnen:

```
x0=[1,2] # Startwert
def fa(x):
    x0[0]=x
    return f2test(x0)
```

Diese Funktion setzt in die erste Variable ein und nimmt die anderen unverändert aus `x0`. Es liefert dann z.B. `fa(4)` den Wert 26. Als Funktion einer Zahl kann `fa` z.B. an `minipar` übergeben werden. Die Strategie zur Minimierung einer Funktion $f([x_1,x_2,\ldots,x_n])$ lautet dann: Minimiere zuerst bzgl x_1, dann bzgl x_2 usw. Danach landet man aber noch nicht zwangsläufig beim tiefsten Wert. Die folgende Funktion iteriert diesen Prozess daher einfach 50-mal:

```
def miniparN(f,x0): # x0 ist Liste der Startwerte
    n=len(x0)
    for k in range(50):
        for i in range(n):
            def fi(x): # wertet f aus mit ...
                #  ... xi neu eingesetzt
                x0[i]=x
                return f(x0)
            x0[i]=miniparstabil(fi,x0[i])
    return x0
```

```
>>> print("Minimum von f2test: ", miniparN(f2test,[1,1]))
Minimum von f2test:  [4.9999995000000004,
6.9999995000000004]
```

Das Problem des Fermatpunktes im Dreieck (kleinste Abstandssumme) kann damit gelöst werden.

Mehrdimensionale Minimierung II

Es gibt einige Funktionen, bei denen diese Methode recht langsam ist. Das liegt daran, dass es nicht geschickt ist, in Koordinatenrichtung zu gehen, also in Richtungen, die mit dem Verlauf der Funktion gar nichts zu tun haben. Besser ist es, den Gradienten zu nehmen, also den Vektor der Richtung des größten Anstiegs der Funktionswerte.
Der Gradient ist der Vektor der partiellen Ableitungen. Numerisch approximiert wird beispielsweise die partielle Ableitung nach der zweiten Variablen durch:

$$\frac{\partial f(x_1,x_2,x_3,...)}{\partial x_2} \approx \frac{f(x_1,x_2+h,x_3,...)-f(x_1,x_2,x_3,...)}{h} \quad \text{mit kleinem } h.$$

Programmtechnisch:

```
def grad(f,x0):
    g=[0]*len(x0) # Das wird der Gradient
    h=0.000001
    f0=f(x0)
    for i in range(len(x0)):
        x0[i]+=h # i-te Variable um h aendern
        g[i]=(f(x0)-f0)/h
        x0[i]+=-h  # i-te Variable zuruecksetzen
    return g
```

Mit dem Gradienten hat man einen Vektor in der Richtung, in der sich die Funktionswerte besonders stark ändern. In diese Richtung wird sich eine Minimierung also besonders lohnen. Um sich vom Startpunkt x0 aus längs der Richtung des Gradienten zu bewegen, bedient man sich der Parameterdarstellung einer Geraden:

```
def muladd(a,s,b):  # a,b, sind Vektoren (d.h. Listen),
                    # s ist Parameter (eine Zahl)
    # berechnet a+s*b, also Punkt auf der Geraden durch a
    # mit Richtungsvektor b
    ergebnis=[0]*len(a)
    for i in range(len(a)):
        ergebnis[i]=a[i]+s*b[i]
    return ergebnis
```

Außerdem werden wir den Betrag eines Vektors benötigen:

```
def vbetrag(v): return sqrt(sum([x**2 for x in v]))
```

In jeder Iteration des Algorithmus wird der Gradient bestimmt. Ist er nahezu Null, hat man wohl eine Extremstelle gefunden, ist er sehr groß, wird er etwas kleiner gemacht, um zu vermeiden, dass man zu große Schritte – beispielsweise über ein Minimum hinweg – macht. Im Anschluss wird längs der Geraden in Gegenrichtung des Gradienten minimiert und die Position neu gesetzt.

```
def miniparNg(f,x0): # x0 ist Liste der Startwerte
    for k in range(50): # 50 Mal ...
        g=grad(f,x0)
        if vbetrag(g)<0.000001: return x0
        if vbetrag(g)>10:
            for i in range(len(g)):
                g[i]=10*g[i]/vbetrag(g)
        def fr(s): # Funktion in Richtung g
            return f(muladd(x0,s,g))
        s_optimal=miniK(fr,0) # Hier koennte auch
                              # miniparstabil stehen
        if abs(s_optimal)<0.0001: return x0
               # Keine nennenswerte Aenderung
        x0=muladd(x0,s_optimal,g)
        # print("   x0=",x0,"g=",g)
    return x0

print("Minimum von f2test mit miniparNg: ",
miniparNg(f2test,[1,1]))
```

Anwendungen der Minimierung

Lineare Regression ist eine Standardtechnik in vielen Anwendungen. Auf Grundlage der Optimierungsfunktionen, die uns jetzt zur Verfügung stehen, können nicht nur Geradengleichungen an Daten angepasst werden, sondern sogar beliebige nichtlineare Modellfunktionen an Daten gefittet werden. Das Folgende z.B. sind Daten des maximalen Stroms einer Solarzelle in Abhängigkeit vom Einfallswinkel des Lichtes. Funktionsanpassung.

Einfallswinkel	0	10	20	45	60	80
Strom	400	370	360	300	200	80

```
Als erstes gibt man die Daten ein:
>>> grad=pi/180
```

```
>>>daten=
[[0*grad,400],[10*grad,370],[20*grad,360],[45*grad,300],
[60*grad,200],[80*grad,80]]
```

Aus geometrischen Gründen ist klar, dass eine Cosinusfunktion das gut modellieren sollte, wobei die Umgebungshelligkeit durch eine additive Konstante beschrieben werden kann:

```
>>> def fModell(parameter,x):
        [a,b]=parameter
        return a*cos(x)+b
```

Die Gaußsche Idee der kleinsten Fehlerquadratsumme setzt man so um:

```
>>> def QS(parameter):
       return sum([(fModell(parameter,x)-y)**2
                   for [x,y] in daten])
```

Und minimiert:

```
>>> miniparN(QS,[1,1])
[370.89301525588172, 18.868477532309928]
```

Genau nach dem gleichen Schema löst man das folgende Problem: Die folgenden Punkte liegen annähernd auf einem Kreis. Es soll ein optimal passender Kreis bestimmt werden.

```
>>> daten=[[3,1],[2,2],[1,3],[0,3],[-1,-2],[0,-2]]
>>> def f(arg):
        [xm,ym,r]=arg
        return sum([((x-xm)**2+(y-ym)**2-r**2)**2
                   for [x,y] in daten])
>>> miniparN(f,[0,0,0])
[0.28561059018911317, 0.41351700762217913,
2.5988499628922717]
```

Das Ganze lässt sich leicht veranschaulichen:

```
>>> from SWGui import *
>>> initSWGui()
>>> Zeichenfeld=SWCanvas(500,500)
>>> Zeichenfeld.plotPointsW(daten)
>>> Zeichenfeld.createCircleW(0.285610590, 0.41351700,
2.59884996)
```

Weitere Probleme, die man mit Optimierung lösen kann, findet man z.B. in [Oldenburg 2006] und [Oldenburg 2009]. Ein Beispiel daraus ist das der Brachistochrone, also der schnellstmöglichen Rutschbahn zwischen zwei Punkten.

Die Koordinaten der Punkte werden in zwei Listen verwaltet[4]. Die x-Werte sind alle fix, ebenso der erste und der letzte y-Wert.

Um die Zeit für eine Bahn zu berechnen, muss man etwas Physik investieren: Die Geschwindigkeit errechnet sich aus der potenziellen Energie einer Höhenänderung um h, die in Bewegung umgesetzt wurde: $\frac{1}{2} mv^2=mgh$.

```
def Zeit(xi,yi): # xi,yi sind Listen der Art
xi=[x1,x2,...]
    # Ergebnis ist Gesamtzeit, wenn
    # Anfangsgeschwindigkeit =0
    t=0.0
    g=9.81  # Erdbeschleunigung
    for i in range(len(xi)-1):
        [xa,xb]=xi[i:i+2]
        [ya,yb]=yi[i:i+2]
        y=(ya+yb)/2 # Mittlere Hoehe
        v=sqrt(2*9.81*(yi[0]-y)) # aus 1/2*m*v^2=m*g*h
        strecke=sqrt((xa-xb)**2+(ya-yb)**2)
        t+=strecke/v
    return t
```

Um den i-ten und den i+1-ten Wert aus der Liste `xi` zu holen, würde man normalerweise zwei Zeilen brauchen mit `xa=xi[i]` und `xb=xi[i+1]`. Mit einer Listenzuweisung geht das aber auch in einer Zeile: `[xa,xb]=xi[i:i+2]`.

Damit schreibt sich die Brachistochronen-Bestimmung recht kompakt:

```
def Brachsito(P,Q,n): # P,Q sind Startkoordinaten
    # Anfangsweg: Lineare Rutschbahn:
    xi=[P[0]]
    yi=[P[1]]
    for i in range(n):
        xi.append(P[0]+(Q[0]-P[0])/ n*(i+0.5))
        yi.append(P[1]+(Q[1]-P[1])/n*(i+0.5))
    xi.append(Q[0])
```

---

4 Das ist an sich eine schlechte Lösung, weil die Daten eines Punktes nicht zusammen, sondern an verschiedenen Stellen stehen. Da aber nur die y-Werte bei der Optimierung verändert werden können, ist es so praktischer.

```
        yi.append(Q[1])
        def f(Yinnen): return Zeit(xi,[yi[0]]+Yinnen+[yi[-1]])
        yi=[yi[0]]+miniparNg(f,yi[1:-1])+[yi[-1]]
        return zip(xi,yi)
```

Dann bekommt man die Daten einer Bahn folgendermaßen:

```
    print(Brachsito([-8,8],[8,-3],10))
```

Noch schöner ist es natürlich, die Bahn auch anzeigen zu lassen. Das folgende Programm geht noch einen Schritt weiter: Die Endpunkte können mit der Maus gezogen werden und die Form Kurve wird dann in der Funktion `update` angepasst:

```
from SWGui import *
initSWGui()
n=400
# Zeichenfeld mit Ebene
Zeichenfeld=SWCanvas(width=n,height=n)
Zeichenfeld.showCoSys()                    # Standard x=-10..10,
            # y=-10..10

N=10 # Zahl der Stuetzstellen
PA=Zeichenfeld.createCircleW(-8,2,0.4) # Erster Punkt
PA.setFillColor("red")
PB=Zeichenfeld.createCircleW(8,-3,0.4) # Letzter Punkt
PB.setFillColor("red")
Ps=[Zeichenfeld.createCircleW(0.2*i,0,0.2) for i in
range(N)]

dragObj="" # Welches Objekt wird gezogen
```

Der `setDragCommand`-Befehl unten legt fest, dass die Funktion `update` jedesmal aufgerufen wird, wenn sich die Maus bewegt hat. Mit `event.x` und `event.y` erhält man die Pixelkoordinaten der Stelle, an die die Maus geschoben wurde, und kann so das zu ziehende Objekt setzen. Danach muss die Brachistochronenberechnung ausgeführt werden und die mathematischen Koordinaten aller Punkte müssen aktualisiert werden.

```
def update(event):
    # Immer wenn gezogen wird, wird das gerechnet
    if dragObj=="A": PA.setCenter(event.x,event.y)
    if dragObj=="B": PB.setCenter(event.x,event.y)
```

```
        Punkte=Brachsito(PA.getCenterW(),PB.getCenterW(),N)
        for i in range(N): Ps[i].setCenterW(Punkte[i+1])

    Zeichenfeld.setDragCommand(update)
```

Die beiden folgenden Funktionen sind die Event-Handler, die beim Klick auf einen der Randpunkte aufgerufen werden. Ihre Funktion ist lediglich, in der globalen Variable `dragObj` zu notieren, welcher Punkt vom Benutzer gezogen wird.

```
    def setDragA(event):
        global dragObj
        dragObj="A"
    def setDragB(event):
        global dragObj
        dragObj="B"
    PA.setClickCommand(setDragA)
    PB.setClickCommand(setDragB)

    Punkte=Brachsito(PA.getCenterW(),PB.getCenterW(),N)
    for i in range(N): Ps[i].setCenterW(Punkte[i+1])
```

Minimierung mit Nebenbedingungen

Die Minimierung der Dose kann aber immer noch nicht direkt angegangen werden, denn $O(r,h)$ soll ja nicht einfach minimiert werden (für negative h kann das beliebig klein werden), sondern die Werte sind so zu wählen, dass die Volumenbedingung erfüllt ist. Man spricht von einem Optimierungsproblem mit Nebenbedingungen.

Ein noch etwas einfacheres Problem ist folgende Frage: Welcher Punkt auf der Geraden $x+y=10$ liegt am nächsten am Kreis um (0|0) mit Radius 2? Geometrisch ist klar, dass dies der Punkt (5|5) ist, weil die Gerade »oberhalb« des Kreises mit Steigung –1 verläuft.

Das Schwierige aus Sicht der Minimierung ist nun, dass man zwei Ziele verfolgen muss: Der Abstand soll möglichst klein sein, aber die Gleichung soll auch gelten. Immerhin kann man das zweite auch als Minimierungsproblem sehen: $g=0$ bedeutet, dass g^2 so klein wie möglich (nämlich 0 sein soll). Jetzt hat man zwei Funktionen, die man addieren kann und so gemeinsam minimiert. Allerdings sollte die Minimierung von g^2 ein größeres Gewicht bekommen, denn $g=0$ soll ja unbedingt gelten:

```
def miniNebeng(f,g,x0,gewicht=100): # f wird minimiert
                                    # unter der Nebenbedingung g=0
    def f2(L):
```

```
        return f(L)+gewicht*g(L)**2
    return miniparNg(f2,x0)
```

Im Beispiel wendet man das so an:

```
def fAbstand(P): return (P[0]**2+P[1]**2-2**2)**2
def gKurve(P): return P[0]+P[1]-10
print("Optimaler Punkt : ", miniNebeng(
      fAbstand,gKurve,[5,4],100))
```

Die Werte, die man so erhält, sind aber enttäuschend weit von (5|5) entfernt. Das Problem ist das Gewicht. Man muss es im Prinzip mit viel Fingerspitzengefühl wählen. Ist es zu klein, wird g=0 deutlich verletzt, ist es zu groß, spielt die Minimierung von f praktisch kein Rolle mehr. Eine praktikable Lösung ist, das Gewicht sukzessive zu erhöhen:

```
def miniNebengI(f,g,x0,gewicht=1):
    def f2(L):
        return f(L)+gewicht*g(L)**2
    for i in range(20):
        x0=miniparNg(f2,x0)
        gewicht=gewicht*2
    return x0
```

Zurück zur Dose: Die Aufgabe besteht also darin, $O=2\pi rh+2\pi r^2$ zu minimieren, wobei $\pi r^2 h=850$ also ebenfalls $(\pi r^2 h\text{-}850)^2$ minimal (nämlich 0) sein soll.

```
def fDose(L):
    [r,h]=L
    return 2*pi*r*h+2*pi*r**2
def DosenVolumenBedingung(L):
    [r,h]=L
    return (pi*r**2*h-850)*0.01
print("Dose mit Nebenbedingung : ")
print(miniNebengI(fDose,DosenVolumenBedingung,[9,9],10))
```

Unter den Dateien zu diesem Kapitel gibt es eine, in der die Form einer hängenden Kette numerisch ermittelt wird.

Aufgaben

1. Gleichungssysteme können in der Form $g_1(x)=0,\dots,g_k(x)=0$ dargestellt werden. Eine Lösung ist äquivalent zu einem Minimum der Funktion $f(x)=\sum_{i=1}^{k} g_k{}^2(x)$ mit Funktionswert 0. Nutzen Sie das, um mit den Funktionen dieses Kapitels einige Gleichungssysteme zu lösen.
2. Ein anderer extrem einfacher Algorithmus zum Lösen von (nichtlinearen) Gleichungssystemen geht wie folgt:

   Startwert x (x ist ein Vektor im R^n)

   Wiederhole sehr oft in einer Schleife:

   Wiederhole für jede Gleichung $g(x)=0$:

   Nutze die Taylorentwicklung und setze sie 0:

   $g(x+r\cdot t)\approx g(x)+\nabla g\cdot r\cdot t=0$.

   Dabei ist t eine Zahl und r ein Richtungsvektor,

   z.B. ebenfalls der Gradient $r=\nabla g$.

   Berechne t aus obiger Gleichung und verändere x entsprechend.

   Dieser Algorithmus konvergiert recht langsam, weil in jedem einzelnen Teilschritt nur eine der Gleichungen betrachtet wird. Während sich für diese der Unterschied von linker und rechter Seite verkleinert, kann das bei den anderen Gleichungen schlechter aussehen. Deswegen braucht man sehr viele Iterationen. Um zu vermeiden, dass man die anderen Gleichungen zu sehr verletzt, geht man oft nicht den ganzen oben berechneten Schritt, sondern nur einen Teil davon.
3. Vergleichen Sie die Approximation des Sinus durch sein Taylor-Polynom dritten Grades $x-x^3/6$ Reihe mit dem Polynom, das den mittleren quadratischen Fehler auf dem Intervall $[0,\pi]$ minimiert. (Hinweis: der quadratische Fehler für die Abweichung zweier Funktionen ist $\int(f(x)-g(x))^2dx$.) Bedenken Sie, dass ggf. das Integral sehr häufig ausgerechnet werden muss. Um erträgliche Laufzeiten zu bekommen, sollte man die Streifenzahl geringer als üblich ansetzen. Wiederholen Sie das Ganze mit Grad fünf statt drei.

Kapitel 10: Brüche, Komplexe Zahlen, Vektoren

Mathematische Objekte werden aus einfachen Grundbausteinen zusammengesetzt: Ein paar ganze Zahlen stellen einen Bruch dar, Tupel von Zahlen bilden die Vektoren des R^n. Mit der universellen Datenstruktur der Liste stellt Python ein Mittel bereit, diese Konstruktionen nachzuvollziehen und mit Funktionen die entsprechenden Operationen zu definieren.

Komplexe Zahlen

Python kann mit komplexen Zahlen rechnen. Man schreibt imaginäre Zahlen mit einem nachgesetzten `j` oder erzeugt sie mit der Funktion `complex` aus Real- und Imaginärteil. Die üblichen mathematischen Funktionen, die auch mit komplexen Zahlen umgehen können, stehen in `cmath` zur Verfügung.

```
>>> complex(1,2)
(1+2j)
>>> complex(1,2)+7j
(1+9j)
>>> from cmath import *
>>> sqrt(-1)
1j
>>> sin(4-5j)
(-56.162274220232348+48.502455241770917j)
```

Wenn Python diese Möglichkeit nicht bieten würde, könnte man Listen nehmen, in denen man Real- und Imaginärteil speichert und die üblichen Formeln abtippt:

```
def makeComplex(a,b): return [a,b]
def re(z): return z[0]
def im(z): return z[1]
def betrag(z): return sqrt(im(z)**2+re(z)**2)
def add(z1,z2): return
makeComplex(re(z1)+re(z2),im(z1)+im(z2))
def sub(z1,z2): return makeComplex(re(z1)-re(z2),im(z1)-
im(z2))
def mul(z1,z2):
    return makeComplex(re(z1)*re(z2)-im(z1)*im(z2),
                       re(z1)*im(z2)+im(z1)*re(z2))
```

Beachtung verdienen an dieser Stelle die beiden winzigen Funktionen `re` und `im`. Sie erlauben `re(z)` statt `z[0]` zu schreiben – sie sparen also keine Arbeit, sondern nötigen einem einen Tastendruck mehr ab. Trotzdem ist es eine wichtige Strategie, solche Zugriffsfunktionen zu programmieren, denn dadurch wird der Code deutlich lesbarer. Außerdem ist man flexibler bei Änderungen. Beispielsweise könnte es angesichts der Vielzahl von Listen mit zwei Zahlen einfacher werden, deren Funktion zu unterscheiden. Dann würde man modellieren `["komplex",a,b]`, `["Bildschirm-koordinate",x,y]` usw. Bei solchen Änderungen brauchen dann nur noch die Zugriffsfunktionen und der Konstruktor `makeComplex` angepasst werden, alles andere kann unverändert bleiben.

Die Division von komplexen Zahlen kann auf die Kehrwertbildung und Multiplikation zurückgeführt werden:

```
def div(z1,z2): return mul(z1,kehrwert(z2))
def kehrwert(z):
    q=re(z)**2+im(z)**2
    return makeComplex(re(z)/q,-im(z)/q)
def asString(z): return str(re(z))+"+"+str(im(z))+"j"

z1=makeComplex(4,8)
z2=makeComplex(3,-2)
Z1=4+8j
Z2=3-2j
print("Summe="+asString(add(z1,z2))+" Kontrolle: "+
      str(Z1+Z2))
print("Quotient="+asString(div(z1,z2))+" Kontrolle: "+
      str(Z1/Z2))
```

Vektoren

Mit analogen Techniken kann man Vektoren im R^n als Listen darstellen. Das lässt sich gleich so machen, dass die Dimension beliebig ist. Man sollte aber bei Operationen mit Vektoren unterschiedlicher Länge einen Fehler melden. Professionell geht das nicht mit einem print-Befehl, sondern mit einem `raise`. Dieser Befehl bricht die aktuelle Programmausführung ab und löst eine Fehlermeldung aus, die ganz ähnlich aussieht, wie die, die Python selbst erzeugt.

Die Addition kann dann so aussehen:

```
def vadd0(a,b):
    if len(a)!=len(b):
        raise Exception ("Vektoren ungleicher Laenge!")
```

```
    ergebnis=[]
    for i in range(len(a)): ergebnis.append(a[i]+b[i])
    return ergebnis
```

Der Aufbau des Ergebnisses mit append sieht nicht so elegant aus. Man kann aber nutzen, dass [0]*n eine Liste mit n Nullen erzeugt. Damit ersetzt man die drittletzte und vorletzte Zeile:

```
    ergebnis=[0]*len(a)
    for i in range(len(a)): ergebnis[i]=a[i]+b[i]
```

Noch kompakter wird das, wenn man eine weitere Variante des Listenaufbaus benutzt. Die zip-Funktion fasst zwei gleich lange Listen zu einer Liste von Paaren von Objekten zusammen:

```
def vadd(a,b):
    if len(a)!=len(b):
        raise Exception("Vektoren ungleicher Laenge!")
    return [ x+y for (x,y) in zip(a,b) ]
```

In der Beispieldatei zu diesem Kapitel sind auch die restlichen Vektoroperationen realisiert.

Vermutlich ist jetzt auch klar, dass man Matrizen genauso behandeln kann. In der Beispieldatei zu diesem Kapitel ist das inklusive Determinanten und der Lösung linearer Gleichungssysteme umgesetzt, es ist aber eine gute »Fingerübung« im Programmieren, das auch selbst zu realisieren.

Vektoren als Listen darzustellen, wie wir es in diesem Kapitel getan haben, geht ganz gut und zeigt schön, wie sich Funktionen zu immer mächtigeren zusammensetzen lassen. Es gibt aber auch einige Nachteile: Zum einen sind Listen eine Datenstruktur, die zu verhältnismäßig langsamen Programmen führt, zum anderen stört, dass die Bedeutung des Operators + für Listen anders definiert ist als für Vektoren. Es gibt in Python aber Mittel, Vektoren so zu definieren, dass ihre Operationen näher am Üblichen liegen. Dazu muss man aber eigene Klassen definieren und dort die Operatoren über besondere Funktionsnamen wie __add__ definieren. Details findet man in der Online-Hilfe. Im nächsten Kapitel wird eine Bibliothek benutzt, die mit solchen Techniken Vektoren implementiert, die dann sehr bequem zu nutzen sind.

Aufgaben

1. Definieren Sie rationale Zahlen analog zu den selbst gebauten komplexen Zahlen. Der Euklidische Algorithmus ist dabei behilflich.
2. Schreiben Sie Funktionen, die Polynome in einer Variablen behandeln. Die Polynome werden dabei durch die Liste ihrer Koeffizienten beschrieben. Eine Herausforderung stellt die Division von Polynomen dar.
3. Schreiben Sie Funktionen, die die übliche Aufgaben der analytischen Geometrie in der Sekundarstufe II lösen, also z.B. Bestimmung eines Schnittpunktes einer Ebene und einer Geraden, Berechnung des Abstandes zweier windschiefer Geraden oder eines Punktes von einer Ebene. Eine Funktion für das Kreuzprodukt kann hilfreich sein.
4. Schreiben Sie einen Code zur Bestimmung von Eigenvektoren und Eigenwerten.
5. Wenn Zahlenwerte aus Messungen stammen sind diese oft mit einer Unsicherheit behaftet, so dass man nicht den einen ‚richtigen' Wert angeben kann, sondern nur sagen kann, dass der Wert wohl in einem Intervall liegt. Bei Berechnungen setzt sich dann diese Unsicherheit fort. Ein Intervall kann als Liste `[a,b]` modelliert werden. Schreiben Sie Funktionen für alle Grundrechenarten damit durch – ausgehend von einem kleinen Intervall um 4, den Heron-Algorithmus, um zu sehen, wie sich die Fehler fortpflanzen.

Kapitel 11: Der Raum: Vektoren in 3D

Die praktische Relevanz der Vektorrechnung kommt u.a. daher, dass sie die Grundlage von 3D-Darstellungen am Computer ist, sei es in CAD-Programmen zur Konstruktion von Maschinen oder bei »Ballerspielen«. Es bietet sich daher an, Vektoren auch im Kontext der Raumgeometrie anzuwenden.

VPython

Die Bibliothek VPython (www.vpython.org, Kurzbezeichnung visual, Hinweise zur Installation im Anhang) ermöglicht es, dreidimensionale Objekte zu erzeugen und darzustellen.

Ein einfaches Programm sieht damit so aus:

```
from visual import *
sphere(pos=(0,0,0),radius=2,color=color.white)
sphere(pos=(10,0,0),radius=1,color=color.red)
sphere(pos=(0,10,0),radius=1,color=color.green)
sphere(pos=(0,0,10),radius=1,color=color.yellow)
```

Dieses Programm erzeugt vier Kugeln mit den angegebenen Radien und Farben. Man kann die Attribute der Objekte auch noch nachträglich mit der »Punkt-Notation« ändern, wenn man das von sphere erzeugte Objekt in einer Variablen speichert:

```
s=sphere(pos=(0,0,10))
s.radius=3
```

Die Angabe der Position erfolgt hier mit Tupeln – nicht mit Listen. Listen und Tupel in Python sind ähnliche Datenstrukturen. Tupel werden im Gegensatz zu Listen mit runden Klammern geschrieben und sie können nicht verändert werden, d.h. Methden wie `remove` und `append` gibt es nicht.

Die folgende Befehlssequenz erzeugt eine weitere (per default) weiße Kugel und verschiebt sie mehrfach um den gleichen Translationsvektor:

```
>>> b=sphere(pos=(4,1,2))
>>> b.pos=b.pos+(1,2,0)
>>> b.pos=b.pos+(1,2,0)
>>> b.pos=b.pos+(1,2,0)
```

Man kann dabei den Eindruck gewinnen, dass die Kugel sich auf einer Geraden bewegt.

```
>>> import time
>>> for i in range(20):
        b.pos+=(-0.2,-0.2,-0.1)
        time.sleep(0.1)
```

Schließlich erweitern wir noch die Schleife um einen Befehl, der eine kleine Kugel längs der Bahn zurücklässt.

```
    sphere(pos=b.pos, radius=0.2)
```

Wenn man interaktiv die Position einer Kugel abfragt, bekommt man ihren Ortsvektor:

```
>>> b.pos
vector(0.999999999999996, 0.999999999999996,
4.00000000000001)
```

Solche Vektor-Objekte kann man auch explizit erzeugen und mit ihnen rechnen:

```
>>> v1=vector(3,2,1)
>>> v2=vector(5,0,2)
>>> v1-v2
vector(-2, 2, -1)
>>> 3*v1+2*v2
vector(19, 6, 7)
>>> mag(v1)# Norm (Länge) des Vektors
3.7416573867739413
>>> v2.norm() # Der Einheitsvektor aus v2
vector(0.928476690885259, 0, 0.371390676354104)
>>> v2 # v2 selbst ist unverändert
vector(5, 0, 2)
>>> v1.dot(v2) # Skalarprodukt
17.0
>>> v1.cross(v2) # Kreuzprodukt
vector(4, -1, -10)
```

Neben Kugeln gibt es auch noch Zylinder und Boxen (Quader). Bei Zylindern gibt man den Ortsvektor des Mittelpunktes eines Deckelkreises an sowie einen Vektor, der die Achse des Zylinders angibt. Pfeile (arrow) werden ganz ähnlich definiert.

```
cylinder(pos=(0,2,1), axis=(5,0,0), radius=1)
```

Für die Mathematik ist es ganz praktisch, sich häufiger verwendete Objekte zu definieren. Man erhält so Funktionen, die ein Objekt konstruieren (Konstruktoren):

```
def Punkt(x,y,z):
    return sphere(pos=(x,y,z),radius=0.3,color=color.red)
def Strecke(A,B): # zwischen Punkten A und B
    return cylinder(pos=A.pos,axis=B.pos-A.pos,
                             radius=0.1,color=color.blue)
```

Als Anwendung wird hier die Erzeugung eines vollständige Zufallsgraphen gezeigt:

```
n=20
Punkte=[]
for i in range(n):
    x=randint(-10,10)
    y=randint(-10,10)
    z=randint(-10,10)
    Punkte.append(Punkt(x,y,z))
for A in Punkte:
    for B in Punkte:   Strecke(A,B)
```

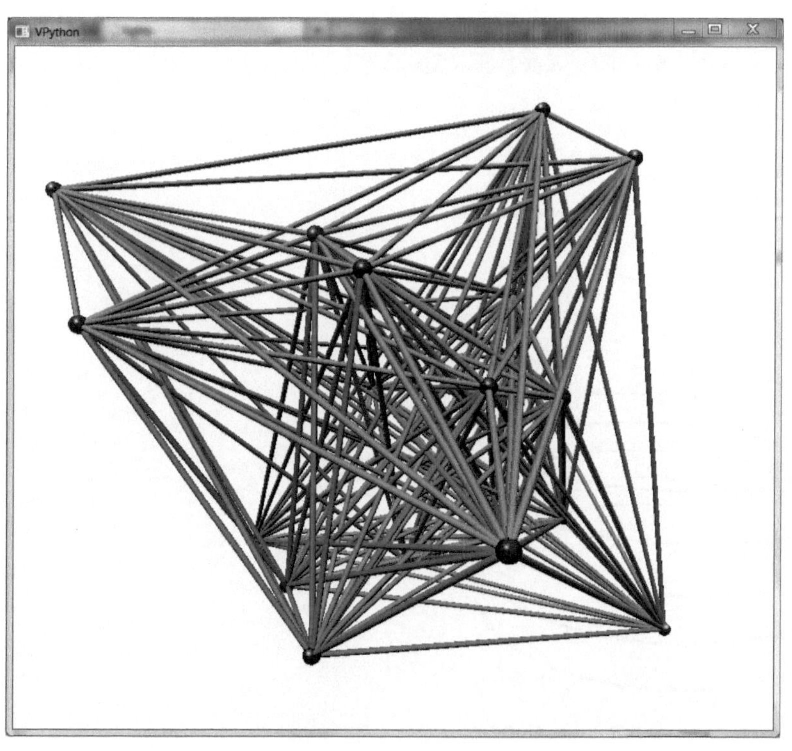

Aus Listen von Punkten können Kurven zusammengebastelt und damit parametrische Plots von Kurven erzeugt werden.

```
from visual import *
from math import *
import time

Punkte=[]
for alpha in range(1800):
    x=5*sin(alpha/180.0*pi)
    y=5*cos(alpha/180.0*pi)
    z=alpha/360.0-5
    Punkte.append(vector(x,y,z))

curve(pos=Punkte, radius=0.05)
# Jetzt noch einen animierten Punkt
# entlang der Kurve schieben
ball=sphere(radius=0.5,color=color.red)
for p in Punkte:
    ball.pos=p
    time.sleep(0.05)
```

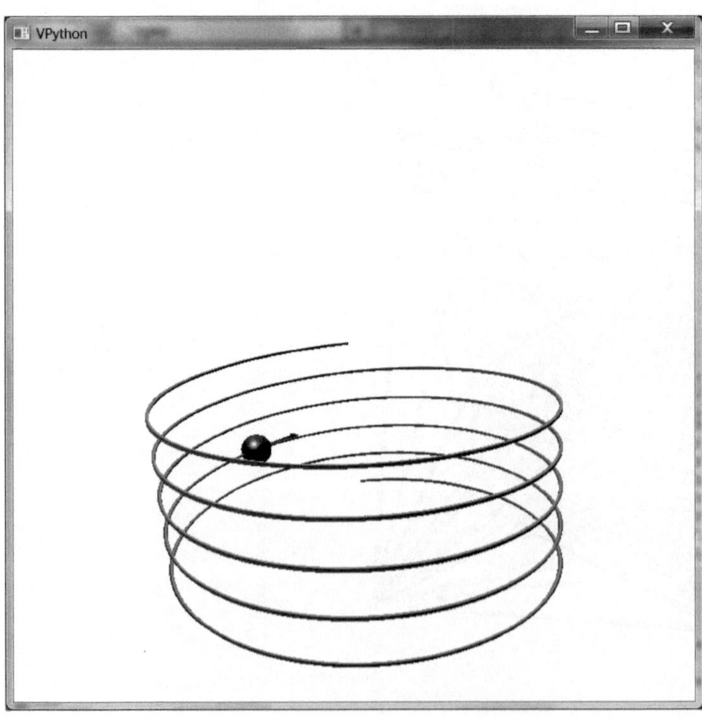

Einen Tangentialvektor an einen Punkt der Kurve bekommt man, indem man die Ableitung nach dem Kurvenparameter bildet. Die folgende Variation erzeugt einen Pfeil als geometrisches Objekt. Die Ableitung wird dabei näherungsweise bestimmt als Differenz der aktuellen und der letzten Position. Folgende Änderung reicht aus, das zu bewerkstelligen:

```
pfeil=arrow(pos=Punkte[0],axis=(5,0,0),shaftwidth=0.1,
            color=color.red)
p_alt=Punkte[0]
for p in Punkte:
    ball.pos=p
    pfeil.pos=p
    pfeil.axis=20*(p-p_alt)
    p_alt=p
    time.sleep(0.05)
```

Neben der Steuerung von Simulationen über den `sleep`-Befehl bietet VPython noch die Möglichkeit zu bestimmen, dass eine Schleife höchstens n-mal pro Sekunde durchlaufen werden soll. Die dafür nötige Wartezeit wird dann so angepasst, dass die eigentliche Rechenarbeit plus die Wartezeit gerade den entsprechenden Sekundenbruchteil ergibt. Das geht so:

```
>>> i=100
>>> while i>0:
        print(i)
        i=i-1
        rate(5) # Nur 5 Schleifendurchläufe pro Sekunde
```

Diese Technik wird nun angewendet, um physikalische Simulationen mit definierter Ablaufgeschwindigkeit zu versehen. Newtons Motivation zur Entwicklung der Differentialrechnung kam aus der Physik. Er fand, dass sich Differentialgleichungen hervorragend dazu eignen, Bewegungsvorgänge aller Art zu beschreiben.

Die aus der Schule bekannte Gleichung $F=ma$, Kraft gleich Masse mal Beschleunigung, ist eine Differentialgleichung, denn die Beschleunigung ist die zweite Ableitung der Position: $a(t)=x''(t)$. Die erste Ableitung des Ortes ist die Geschwindigkeit: $v(t)=x'(t)$, also $a(t)=v'(t)$. Mit der Grundvorstellung der lokalen linearen Näherung kann man das auflösen: $x(t+\Delta t)=x(t)+v(t)\cdot\Delta t$, $v(t+\Delta t)=v(t)+a(t)\cdot\Delta t$,
Für vektorielle Größen gilt genau das Gleiche, wobei für die Beschleunigung gleich Kraft/Masse eingesetzt wird:

$$\vec{v}(t+\Delta t)=\vec{v}(t)+\frac{1}{m}\cdot\vec{F}(\vec{x},\vec{v},t)\cdot\Delta t$$

$$\vec{x}(t+\Delta t)=\vec{x}(t)+\vec{v}(t)\cdot\Delta t$$

Damit kann man z.B. einen springenden Ball programmieren:

```
from visual import *

boden = box(length=8, height=0.5, width=8,
            color=color.blue)
ball = sphere(pos=(0,4,0), color=color.red)
ball.v = vector(0,-1,0)  # Ballgeschwindigkeit:
Anfangswert
ball.m=5                 # Ballmasse
unten=vector(0,-1,0)     # Richtung der Schwerkraft
g=9.81                   # Erdbeschleunigung
dt = 0.01                # Zeitschritt

while True:
    rate(100)
    kraft=g*unten*ball.m
    ball.v+= kraft/ball.m*dt
    ball.pos+= ball.v*dt
    if ball.y < 1: ball.v.y = -ball.v.y
```

Die gleiche Technik reicht auch aus, die Bahn des Mondes um die Erde zu bestimmen. Dazu werden die Positionen und Massen der Himmelskörper in Meter und Kilogramm angegeben. Visual Python setzt den Maßstab des Fensters automatisch so, dass die ganze Szene hineinpasst. Damit Erde und Mond gegenüber ihrer Umlaufbahn nicht zu klein erscheinen, werden sie um einen Faktor 10 vergrößert dargestellt.

```
from visual import *
bu=10 # sowie mal groesser als masstaeblich, bu= „blow up"
erde = sphere(pos=(0,0,0), radius=6300000*bu,
              color=color.blue)
erde.v=vector(0,0,0)
erde.m=5.9e24    # Masse der Erde

mond=sphere(pos=(370000000,0,0),radius=1700000*bu,
                color=color.red)
# Mondgeschwindigkeit : Anfangswert
mond.v = vector(0,0,370000000*6.28/(28*24*3600))
mond.m= 7.3e22
dt = 1800                        # Zeitschritt 30 Minuten
# Das Newton'sche Gravitationsgesetz
def kraft(A,B): # Kraft, die B auf A ausuebt
```

```
        gamma=6.6e-11
        r=mag(B.pos-A.pos) # Laenge des Vektors = Abstand
        return (B.pos-A.pos)*A.m*B.m*gamma/(r*r*r)

    while True:
        rate(48) # 1s in Simulation entspricht 48*dt=24h
        mond.v+= kraft(mond,erde)/mond.m *dt
        erde.v+= kraft(erde,mond)/erde.m *dt
        mond.pos+= mond.v *dt
        erde.pos+= erde.v *dt
```

Interaktionen eröffnen weitere Möglichkeiten. Das folgende kleine Programm erzeugt Zufallspunkte, die man mit der Maus verschieben kann. Das kann man als Spiel auffassen: Ziel ist es, die Punkte annähernd in eine Ebene zu bringen, was man durch Drehen der Szene überprüfen kann.

In Visual Python kann man abfragen, ob ein Ereignis aufgetreten ist: `scene.mouse.getevent().drag` liefert `True`, wenn die Maus gezogen wurde. Wenn dabei ein Objekt getroffen wurde, bekommt man es mit `pick` geliefert, so dass man seine Position setzen kann. Visual Python realisiert das Ziehen von Objekten also nicht selbst, man kann aber abfragen, ob ein Objekt beim Ziehen der Maus getroffen wurde und dann die Koordinaten des Objektes auf die Mauskoordinaten setzen.

```
from visual import *
from random import *
def Punkt(x,y,z):
    return sphere(pos=(x,y,z),radius=0.3,color=color.red)
# 20 zufaellige Punkte
Punkte=[Punkt(randint(-10,10),randint(-10,10),
              randint(-10,10))
        for i in range(20)]
while True: # Endlosschleife, immer nach Ereignissen fragen
    event = scene.mouse.getevent() # Ist was los?
    if event.drag: # Ziehen eines Objektes wurde begonnen
        obj=event.pick # Das ist das gezogene Objekt
        if obj==None: continue # …koennte auch nichts sein
        while not(scene.mouse.events): # bis zu neuem Event
            obj.pos=scene.mouse.pos
```

Die innere `while`-Schleife wartet, bis ein neues Ereignis (vermutlich das Loslassen der Maus-Taste) eintritt.

Neu ist hier der Befehl `continue`. Er überspringt den Rest des Schleifenkörpers und geht gleich in die nächste Iteration, wenn sie nach der Bedingung bei while noch durchlaufen wird.

Mit diesen Techniken kann man die Grundlagen eines dynamischen Raumgeometrieprogramms schaffen. Die Kernidee zeigt das folgende Programm:

```
from visual import *
def Punkt(x,y,z):
    return sphere(pos=(x,y,z),radius=0.3,color=color.red)
def Strecke(A,B): # zwischen Punkten A und B
    return cylinder(pos=A.pos,axis=B.pos-A.pos,
                    radius=0.1,color=color.blue)
def Ebene3P(A,B,C,size=10): # Ebene durch drei Punkte
    return box(pos=A.pos,
               axis=(B.pos-A.pos).cross(C.pos-A.pos),
               width=size,height=size,length=0.1,
               color=color.green,opacity=0.5)
def EbenePN(A,N,size=10): # Ebene durch A, Normalenvektor N
    return box(pos=A.pos,axis=N,
               width=size,height=size,length=0.1,
               color=color.green,opacity=0.5)
def setzeStrecke(S,A,B):
    S.pos=A.pos
    S.axis=B.pos-A.pos
def setzeEbene3P(E,A,B,C):
    E.pos=A.pos
    E.axis=(B.pos-A.pos).cross(C.pos-A.pos)
    E.length=0.1
def setzeEbenePN(E,A,N): # N ist Normalenvektor
    E.pos=A.pos
    E.axis=N
    E.length=0.1

A=Punkt(0,0,5)
B=Punkt(0,0,-5)
M=Punkt(0,0,0)
C=Punkt(0,-5,0)
E1=Ebene3P(A,B,C)
E2=EbenePN(M,A.pos-B.pos)
a=Strecke(B,C)
b=Strecke(A,C)
c=Strecke(A,B)
```

```
while True:
    event = scene.mouse.getevent() # get event
    if event.drag:
        obj=event.pick
        if obj==None: continue
        while not(scene.mouse.events): # bis zu neuem Event
            obj.pos=scene.mouse.pos
            setzeStrecke(a,B,C)
            setzeStrecke(b,A,C)
            setzeStrecke(c,A,B)
            M.pos=(A.pos+B.pos)/2 # Mittelpunkt
            setzeEbene3P(E1,A,B,C)
            setzeEbenePN(E2,M,B.pos-A.pos)
```

Gegenüber einem professionellen Raumgeometrieprogramm fehlen noch ganz viele Funktionen, die programmtechnische Realisierung der Geometrie ist so aber authentisch dargestellt.

Aufgaben

1. Programmieren Sie Drahtmodelle von schulüblichen Körpern wie Pyramiden, Tetraedern, Oktaedern etc.
2. Illustrieren Sie das Problem »Abstand Gerade-Punkt«, indem Sie einen Punkt auf einer Geraden wandern und die Verbindungsstrecke anzeigen lassen.
3. Ändern Sie Anfangswerte und sonstige Parameter in den Simulationen. Erweitern Sie die Ball- und die Erde-Mond-Simulationen um weitere Bälle bzw. Monde.

Kapitel 12: Bilder

Alle Bildschirmausgaben eines Computers setzen sich aus kleinen farbigen Quadraten – den Pixeln – zusammen. Ihre Helligkeits- und Farbwerte werden nummerisch dargestellt, so dass Bildverarbeitung am Computer zum großen Teil auf die Anwendung mathematischer Funktionen zurückzuführen ist.

Pixelwerte lesen und modifizieren

Zum Ansprechen der einzelnen Pixel dient ein Pixelkoordinatensystem, das sich auf das jeweilige Fenster oder den Bereich eines Fensters (z.B. eine Zeichenfläche) bezieht und dessen Koordinatenursprung x=0, y=0 oben links liegt. Die y-Achse geht nach unten, d.h. der Punkt (200,100) liegt vom linken Rand 200 Pixel weit weg und 100 Pixel unterhalb des unteren Randes.

Bei Graustufenbildern wird die Helligkeit meist als Zahl zwischen 0 (schwarz) und weiß (255) angegeben. Bei Farbbildern ist das RGB-System üblich, bei dem die Farben additiv aus den Grundfarben rot, grün und blau zusammengesetzt und in der SWGui-Bibliothek als Liste geschrieben werden, z.B. [255,100,100] für ein Rosa.
Erster Schritt zur Bildberabeitung mit SWGUI ist die Initialisierung des Fensters und die Erzeugung einer Zeichenfläche:

```
from SWGui import *
initSWGui() # Benutzeroberflaeche initialisieren
n=400
Zeichenfeld=SWCanvas(width=n,height=n)
bitmap=Zeichenfeld.createImage(0,0,(n,n))
```

Auf die Pixel dieser Bitmap kann lesend und schreibend zugegriffen werden. Beispiel:

```
bitmap.setPixel(x,y,farbe)
```

Dabei kann `farbe` ein Grauwert, also eine Zahl zwischen 0 (schwarz) und 255 (weiß) sein, oder eine Liste mit den drei Farbkomponenten.

Um eine Strecke zu zeichnen, muss man die Pixel bestimmen, die eingefärbt werden sollen. Das ist letztlich eine Anwendung der Geradengleichung:

```
def zeichneLinie1(x1,y1,x2,y2):
    m=(y2-y1)/(x2-x1) # Steigung
```

```
    b=y1-m*x1 # Achsenabschnitt y-m*x=b
    for x in range(x1,x2):
        y=int(m*x+b)
        bitmap.setPixel(x,y,0) # Setze auf schwarz
```

Auch das Zeichnen von anderen elementaren Linien ist eine Anwendung der Schulmathematik. Das folgende Programm bietet drei Buttons an, mit denen verschiedene schulübliche Kurven gezeichnet werden können. Buttons sind grafische Elemente. Die Aktionen, die sie veranlassen sollen, kann man als Python-Funktion definieren. Die Verbindung dieser beiden Komponenten leistet in SWGui die Methode `setCommand`, die einem Button die Funktion zuordnet, die ausgeführt werden soll, wenn der Button gedrückt wird.

```
from SWGui import *
from math import *

initSWGui() # Benutzeroberflaeche initialisieren

buLinie=SWButton(text="Linie") # Button erzeugen
buLinie.setCommand(lambda: zeichneLinie1(10,20,300,200))
buKreis=SWButton(text="Kreis")
buKreis.setCommand(lambda: zeichneKreis(200,200,100))
buSinus=SWButton(text="Sinus")
buSinus.setCommand(lambda: zeichneSinus())

n=400
Zeichenfeld=SWCanvas(width=n,height=n)
bitmap=Zeichenfeld.createImage(0,0,(n,n))

def zeichneLinie1(x1,y1,x2,y2):
    # wie oben

def zeichneKreis(x,y,r):
    for winkel in range(360):
        xk=int(x+r*cos(winkel*pi/180))
        yk=int(y+r*sin(winkel*pi/180))
        bitmap.setPixel(xk,yk,0)

def zeichneSinus():
    for xs in range(n):
        x=xs*2*pi/n # x liegt im Bereich 0 bis 2*pi
        y=n/2-n/3*sin(x) # Legt die 0 des mathem.
```

```
                                  # Koordinatensystems nach n/2
                                  # (Bildschirmmitte)
        bitmap.setPixel(xs,int(y),0)
```

Das Programm enthält einen Kniff: Mit lambda wird eine »anonyme Funktion« definiert.

```
buLinie.setCommand(lambda: zeichneLinie1(10,20,300,200))
```

Diese Programmzeile bewirkt genau das Gleiche wie:

```
def zeichneEineLinie():
    zeichneLinie1(10,20,300,200)
buLinie.setCommand(zeichneEineLinie)
```

Mehr zu `lambda` finden Sie im Anhang.

Auf der Basis von Pixelgrafiken kann man auch einige schöne Fraktale zeichnen lassen. Das berühmte »Apfelmännchen« von Mandelbrodt ist die Teilmenge der komplexen Ebene, die aus denjenigen komplexen Zahlen $c=x+iy$ besteht, für die die Folge $z_0=0$, $z_{i+1}=z_i^2+c$ konvergiert. Nun ist die Konvergenz einer solchen Folge gar nicht einfach festzustellen. Man weiß aber, dass die Folge sicher divergiert, wenn der Betrag eines Folgenelements größer als 2 ist (Beweis z.B. mit dem Quotientenkriterium). Weiter hilft eine Heuristik: Wenn die Folge divergiert, dann werden die Beträge in der Regel sehr schnell sehr groß, man braucht also nur eine bestimmte willkürliche Anzahl (im Beispiel 85) von Iterationen. Das folgende Programm zeichnet das auf eine n mal n Pixel große Zeichenfläche.

```
for ix in range(n):
    for iy in range(n):
        x=(ix-n/2)/(n/2) # Also Realteil -1…1
        y=(iy-n/2)/(n/2) # Ebenso Imaginärteil -1…1
        c=complex(x,y)
        z=0
        counter=85
        while counter>0:
            counter+=-1
            z=z**2+c
            if abs(z)>2: # Folge divergiert
                bitmap.setPixel(ix,iy,255) # weiss
                break
            bitmap.setPixel(ix,iy,0)
```

In dieser Form ist das Programm allerdings sehr langsam. Das liegt daran, dass jedes Pixel, sobald es berechnet ist, auch gezeichnet wird, und das erfordert bei SWGui leider, dass das ganze Bild neu geschrieben wird. Wenn auf dem System die Python Imaging Library installiert ist (siehe Anhang), kann man eine Beschleunigung erreichen, indem man die Pixel nicht sofort malen lässt. Dazu schreibt man statt der drittletzten Zeile des obigen Programms:

```
bitmap.setPixel(ix,iy,255, False)
```

Das `False` bewirkt, dass die Änderung nicht sofort angezeigt wird. Dies geschieht erst, wenn der Befehl

```
bitmap.flush()
```

ausgeführt wird, was man dann z.B. am Programmende einmal macht.
Neben dem Erzeugen von Bildern gibt es auch die interessante Disziplin der Bildverarbeitung. Es gibt verschiedene Interessen dabei:

- Bilder können verbessert/verschönert werden, z.B. indem fehlender Kontrast ausgeglichen wird.
- Bilder können verfremdet werden, um bestimmte Effekte zu erzielen.
- Bilder können analysiert werden.

Das Folgende ist ein einfaches Rahmenprogramm, mit dem man sich an die Bildbearbeitung heranwagen kann. Es lädt ein Bild aus einer GIF-Bilddatei und erzeugt eine Negativ-Version davon:

```
from SWGui import *

initSWGui()

rahmen=SWFrameHori()
Zeichenfeld1=SWCanvas(container=rahmen)
Zeichenfeld2=SWCanvas(container=rahmen)
bitmap1=Zeichenfeld1.createImage(0,0,"testbild.gif")
bitmap2= Zeichenfeld2.createImage(0,0,
          (bitmap1.getWidth(), bitmap1.getHeight()))

for ix in range(bitmap2.getWidth()):
    for iy in range(bitmap2.getHeight()):
        helligkeit=bitmap1.getPixel(ix,iy)
        bitmap2.setPixel(ix,iy,255-helligkeit,False)
bitmap2.flush()
```

Hier wird die Helligkeit als Graustufenwert 0..255 ausgelesen und entsprechend ist das Ergebnis ein Graustufennegativ. Die doppelt geschachtelte Schleife stellt den Prototypen für alle Bildmanipulationen dar, bei denen die Pixel an Ort und Stelle bleiben, und nur ihren Farbwert ändern.

Um ein Farbnegativ zu erhalten, ersetzt man – ausgehend vom gleichen Prototypen – die beiden Zeilen durch:

```
[r,g,b]=bitmap1.getPixelRGB(ix,iy)
bitmap2.setPixelRGB(ix,iy,
[255-r,255-g,255-b],False)
```

Durch

```
[r,g,b]=bitmap1.getPixelRGB(ix,iy)
bitmap2.setPixelRGB(ix,iy,[r,b,g],False)
```

vertauscht man die Farben. Da gibt es viele Spielereien, die zu netten Effekten führen. Aber schon mit den Graustufenwerten lassen sich interessante Effekte produzieren, z.B. kann man den Kontrast mindern oder erhöhen (geht analog auch bei Farbbildern):

```
w=bitmap1.getPixel(ix,iy)
bitmap2.setPixel(ix,iy,100+w/3,False)
```

Geometrische Transformationen sind ein weiteres interessantes Gebiet. Im Gegensatz zu den bisherigen Bildmanipulationen werden dabei Pixelwerte von einer Position zu einer anderen bewegt. Der neue Pixelwert für die Position x,y ergibt sich also aus dem alten Pixelwert an einer anderen Stelle, die sich gemäß bestimmter Funktionen berechnen lässt. Wenn man hier eine einfache Linearkombination vornimmt, resultiert eine Scherung.

```
farbe=bitmap1.getPixelRGB(ix,iy)
bitmap2.setPixelRGB(ix+iy/2,iy,farbe,False)
```

Viele der berechneten Pixelpositionen liegen außerhalb des Bildes (weil die x-Koordinate größer als die Breite des Bildes ist), aber SWGui ignoriert solche `setPixel`-Befehle einfach, ohne eine Fehlermeldung zu geben.

Die hier gezeigten Effekte sind nur der Anfang dessen, was Mathematik und Bildverarbeitung gemeinsam haben. Weitere Informationen und Anregungen für Experimente findet man in [Meyer&Oldenburg 2006] und [Oldenburg2009].

Eine Beispieldatei zu diesem Kapitel zeigt eine Simulation der diffussionsbeschränkten Aggregation: Ein Beispiel dafür ist das elektrochemische Ausscheiden von Zink aus einer Zinksulfatlösung ($ZnSO_4$ in Wasser). Die positiven Zink-Ionen wandern zur negativen Elektrode und lagern sich dort an. Dabei entstehen baumartig verzweigte Strukturen (schöne Bilder dazu findet man auf Wikipedia: http://en.wikipedia.org/wiki/Diffusion-limited_aggregation).

Der Prozess der Anlagerung kann durch eine Simulation nachempfunden werden. Wenn kein starkes elektrisches Feld das verhindert, wandern die Zink-Ionen aufgrund ihrer thermischen Energie ziellos hin und her (Brownsche Bewegung) bis sie an den bereits gebildeten Cluster andocken. Bei hoher Konzentration von Zink in der Lösung ist es sehr unwahrscheinlich, dass ein Zinkatom wieder vom Cluster abspringt, um ins übervolle Wasser zu springen – man spricht dann von »diffusion limited aggregation«.

Zur Vereinfachung der Simulation nimmt man an, dass sich die Zink-Ionen nur auf den Plätzen eines Gitters aufhalten können. (Im Programm entsprechen die Gitterplätze den Zellen eines Arrays oder den Pixeln auf dem Bildschirm). Die Brownsche Bewegung entspricht dann einem zufälligen Springen auf den linken, rechten, oberen oder unteren Nachbarplatz. Wenn ein Teilchen auf dem Zufallsweg das Fenster verlässt, wird es verloren gegeben, wenn es aber andockt, vergrößert es dauerhaft die wachsende Struktur. Ein Programm dazu befindet sich unter den Beispieldateien zu diesem Kapitel.

Aufgaben

1. Die Funktion zum Zeichnen einer Linie zeigt schlechte Bilder, wenn die Gerade sehr steil ist. Woran liegt das und wie kann man es verbessern?
2. Zeichnen Sie auch Ellipsen, Parabeln etc. aus Pixeln.
3. Suchen Sie nach der Defintion der Julia-Fraktale (Julia-Mengen) und zeichnen Sie diese.
4. Bildhelligkeit und Kontrast lassen sich als Mittelwert und Standardabweichung von Helligkeitswerten messen. Implementieren Sie entsprechende Analysefunktionen.
5. Verkleinern, vergrößern, stauchen, spiegeln, drehen Sie Bilder.
6. Interpretieren Sie die Bildebene als Teil der komplexen Ebene und wenden Sie komplexe Funktionen darauf an.

Kapitel 13: Videos

Wenn, wie im letzen Kapitel beschrieben, einzelne Bilder im Grunde Matrizen von Zahlen und damit mathematischen Funktionen zugänglich sind, dann gilt das auch für Videos.

Grundlagen der Videoverarbeitung in Python

Um Informatiksysteme mit WebCam-Nutzung gestalten zu können, benötigt man wenig Funktionalität: Eine Bibliothek muss letztlich eine Methode oder Funktion bereitstellen, die das aktuelle Bild der Kamera (als Bildobjekt, zweidimensionales Feld o.ä) liefert.

Diese Voraussetzung ist unter Python 3.1, das sonst in diesem Skript verwendet wird, leider noch nicht gegeben. Man installiert stattdessen parallel (die beiden Versionen stören sich nicht):

- Python 2.7
- Python Imaging Library (PIL, http://www.pythonware.com/products/pil/)
- VideoCapture (http://videocapture.sourceforge.net/).
- PyGame (http://www.pygame.org).

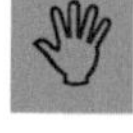

Die Unterschiede zwischen Pyton 2.x und 3.x sind nicht sehr umfangreich. In dem Bereich der Sprache, den wir benutzen, sind vor allem drei Unterschiede relevant:

- In Python 2.x ist `print` ein Befehl, keine Funktion, d.h. man schreibt `print x`
- Die Division `a/b` wird, wenn `a` und `b` beide ganzzahlig sind, ganzzahlig (also wie `a//b` in Python 3) ausgeführt.
- Umlaute in Variablennamen und Kommentaren sollte man besser meiden.

Die entscheidende Methode des Moduls VideoCapture ist `getImage()`, die das aktuelle Bild als PIL-Image liefert. Die PIL stellt sehr viele Methoden bereit, um mit diesen Bildern zu arbeiten. Neben dem Zugriff auf einzelne Pixel gibt es auch eine Reihe von fortgeschrittenen Bildverarbeitungsbefehlen, etwa zur Schärfung.

Als erste Fingerübung kann man einfach die Farbkanäle ausmitteln. Die Ausgabe ist dann eine schlichte Folge von drei Zahlen der mittleren Intensitäten. Damit lassen sich ein paar interessante Sachen machen: Zeigt man der Kamera einen roten Gegenstand, steigt der Rot-Anteil erwartungsgemäß, hält man ihr ein Foto vom Himmel hin, steigt der blaue Wert. Hält man das Kameraobjektiv mit schwarzer Pappe zu, geht alles auf 0, mit dem Finger aber gehen nur Blau- und Grün-Kanal auf 0, der Rot-Kanal nicht – woraus sich sofort die Frage ergibt, welche Farbe eigentlich »Blut« hat.

```
# Listing 1: Farbe ausmitteln
from VideoCapture import Device
import ImageDraw, sys, time

(breite,hoehe)= (640,480)
cam = Device()                        # Die Kamera als Objekt
cam.setResolution(breite,hoehe)       # Passende Auflösung

while True:
        camshot = cam.getImage() # Bild holen
        (r,g,b)=(0,0,0)          # Summen initialisieren
        for x in range(0,breite):# Schleife über alle Pixel
                for y in range(0,hoehe):
                        pixel=camshot.getpixel((x,y))
                        r=r+pixel[0] # Farbanteile
                        g=g+pixel[1] # summieren
                        b=b+pixel[2]
        r=r/(breite*hoehe)      # Mittelwerte bilden
        g=g/(breite*hoehe)
        b=b/(breite*hoehe)
        print("r=%3d, g=%3d, b=%3d"%(r,g,b))
```

Es bieten sich hier einige physikalische Experimente an: Man beleuchtet die Kamera mit weißem (nicht zu hellem Licht), dann bringt man absorbierende Substanzen in den Strahlengang. Damit lassen sich einige Aussagen über das Abssorptionsverhalten machen.

Bildverarbeitung live

Auf die Pixel von PIL-Bildern kann man einzeln zugreifen, aber das ist recht langsam. Schneller gehen Manipulationen mit den eingebauten Methoden von PIL: Die Methode `point` wendet eine Funktion auf jedes Pixel an. Damit erhält man z.B. das eigene Bild als Negativ, wie im folgenden Programm. Dabei sind einige technische Aspekte noch wichtig, z.B. dass man auf Druck einer Taste das Programm beenden kann. Für unsere Zwecke reicht es aus, das als Blackbox hinzunehmen.

```
# Listing 2 : Live Bildmanipulation
from VideoCapture import Device
import ImageDraw, Image, sys, pygame, time
from pygame.locals import *
```

```
res=(breite,hoehe)= (640,480)
pygame.init()                        # PyGame starten
cam = Device()
cam.setResolution(breite,hoehe)
screen = pygame.display.set_mode(res) # Pygame-Fenstergröße
pygame.display.set_caption('Webcam')  # Titel des Fensters
while True:
        camshot = cam.getImage().convert("L")
        # Bild holen und in Graustufen konvertieren
        for event in pygame.event.get(): # Event-Handling
                if event.type == pygame.QUIT: sys.exit()
        keyinput = pygame.key.get_pressed()
        if keyinput[K_x]: break            # Beenden mit „x"
        neuBild=camshot.point(lambda p: 255-p) # zu Negativ
        cs = pygame.image.frombuffer(
              neuBild.convert("RGB").tostring(),
                              res, "RGB")
        screen.blit(cs, (0,0))  # Bild in Grafikpuffer
                                # schreiben...
        pygame.display.flip()   # ... und anzeigen
```

Durch Variation einer einzigen Zeile lassen sich verschiedene andere Effekte erzielen :

```
neuBild=camshot.point(lambda p: p+50)  # Bild heller
neuBild=camshot.point(lambda p: 50+p/2)# Kontrast geringer
```

Dank der Funktionalität von PIL (oder langsamer, mit einer Schleife über alle Pixel), kann man sich auch live auf den Kopf stellen oder in vertikaler Richtung strecken, um eine Schlankheitskur zu simulieren.

Im obigen Listing wurden die Farbbilder der Kamera zwecks einfacherer Verarbeitung in Graustufen umwandelt und für die Darstellung auf dem RGB-Display wieder zurückverwandelt. Das zeigt schon, dass sich Farbbilder ebenso verarbeiten lassen. Allerdings fehlt in PIL ein Analogon der point-Methode für Farbbilder, sodass man eine Schleife über alle Pixel braucht, was auf einem schnellen Rechner mehr Freude macht, als auf einem langsamen:

```
# Listing 3 (Fragment) : Live Bildmanipulation in Farbe
while True:
        camshot = cam.getImage()
        keyinput = pygame.key.get_pressed()
        if keyinput[K_x]: break
        for x in range(breite):
```

```
                for y in range(hoehe):
                        p=camshot.getpixel((x,y))
                        p=(p[2],p[1],p[0])
                              # Kanäle vertauschen
                        camshot.putpixel((x,y),p)
        cs = pygame.image.frombuffer(camshot.tostring(),
                                     res, "RGB")
  # weiter wie oben
```

Mit einer ähnlichen Schleife lassen sich beispielsweise rote Objekte finden. Wenn man annimmt, dass es ein interessantes, rotes Objekt gibt (z.B. einen Ball, den man verfolgen will), dann sucht man nach dem Pixel, dessen Farbe am nächsten bei Rot (255,0,0) liegt. Dabei ist eine interessante Modellbildung zu bewältigen: Was bedeutet es, nahe bei Rot zu sein? Man könnte den Euklidischen Abstand von (255,0,0) nehmen oder eine Regel wie die im folgenden Listing. Die Folgen dieser Modellentscheidungen können sofort ausprobiert werden.

```
# Listing 4 (Fragment) : Ein roter Ball wird verfolgt
speedup=3   # Nur jedes dritte Pixel pruefen
  opt=-1000   # Bisher gefundenes Optimum
      pos=[0,0]   # Position des bisher "rötesten" Pixel
      for x in range(0,breite,speedup):
              for y in range(0,hoehe,speedup):
                      p=camshot.getpixel((x,y))
                      if p[0]-p[1]/2-p[2]/2>opt:
                              opt= p[0]-p[1]/2-p[2]/2
                              pos=[x,y]
      draw = ImageDraw.Draw(camshot) # Zeichner für Bild
      draw.ellipse((pos[0]-10,pos[1]-10,
                    pos[0]+10, pos[1]+10),
                     fill=(255,0,0))
```

Sobald die Position des der roten Farbe am nächsten kommende Pixel gefunden wurde, wird eine Ellipse ins Bild gezeichnet. Dazu bietet PIL eine Klasse `ImageDraw` von Methoden an.

Diese Technik eröffnet sofort die Möglichkeit verschiedener kleiner Projekte:

- Do-it-yourself-Messwerterfassung wie in der Physik: Wie fällt ein Ball (Zeiten messen), welche Flugbahn nimmt er?
- Virtueller Stift: Man speichert die Position des Balls in einer Liste und zeichnet so in jedem neuen Bild die Spur des Balls ein.
- Virtueller Joystick: Das Bild der WebCam wird gar nicht dargestellt, sondern es werden nur die Koordinaten des roten Punktes genommen, um ein Spiel zu steuern.

Eine Frage der Vergangenheit

Bisher wurde immer das aktuelle Bild bearbeitet. Weitere Effekte ergeben sich, wenn man sich zumindest auch ein paar alte Bilder merkt. Die Differenz zwischen dem aktuellen und dem vorhergehenden Bild zeigt an, wo es Änderungen gab. Mit einer Schleife über alle Pixel eines Graustufenbildes könnte man diese Differenz direkt berechnen und zuweisen, z.B. mit

```
camshot.putpixel((x,y),
         100+alt.getpixel((x,y))-neu.getpixel((x,y)))
```

Wegen der besseren Geschwindigkeit ist es aber wieder ratsam, die Methoden von PIL zu benutzen. Man konvertiert das alte Bild in sein negatives (aus `Alt` wird `-Alt`), dann addiert man `Neu` und `-Alt` mit der Methode `blend` zum Überlagern zweier Bilder.

Für diese Anwendung reicht es, immer nur das letzte Bild zu speichern und mit dem neuen zu verrechnen. Es liegen aber auch Varianten nahe, bei denen man auch auf andere alte Bilder zugreifen will. Das Programm im Listing speichert deshalb gleich die letzten 10 Bilder. Eine Begrenzung ist aber nötig, weil der Speicher sonst sehr schnell voll ist – durchaus eine interessante Erkenntnis!

```
# Listing 5 (Fragment) : Detektion von Änderung
history=[]
while True:
        camshot = cam.getImage().convert("L")
        # Event-Behandlung wie oben
        history.append(camshot)
        if len(history)>10: del history[0] # Löscht Bild
        if len(history)>1:
                alt=history[-2].point(lambda i: 255-i)
                neu=history[-1]
                camshot=Image.blend(alt, neu, 0.5)
        # Bild darstellen wie oben
```

Auch hier ergeben sich ganz schnell viele Anwendungen:

- Diebstahlsicherung
- Geschwindigkeitsmessung

Astronomen suchen so (ähnlich) nach Supernova-Explosionen: Diese erkennt man eben auch daran, dass sich relativ schnell etwas an der Helligkeit der Sterne ändert.

Effektvoll ist auch, statt des aktuellen Bildes das Zwanzigletzte zu zeigen: Dann sieht man seiner jüngsten Vergangenheit ins Auge. Die Modifikationen dazu sind ganz leicht. Ebenso spaßig: Wenn man gerade das n-te Bild hereinbekommt, zeigt man das n/2-te Bild an: Slow motion in do-it-yourself. Dazu muss man allerdings viel mehr Bilder speichen, als nur die letzten 10.

Dass in Film und Fernsehen Bilder montiert werden – z.B. Reporter vor das weiße Haus, die in Wirklichkeit im Studio stehen – ist gang und gäbe. In der Regel wird der Reporter dann vor einer blauen Wand aufgenommen und alles Blaue wird durch den geplanten Hintergrund ersetzt. In Ermangelung einer blauen Wand in den meisten Räumen kann man auch mit weiß arbeiten. Allerdings ist der Test, wann ein Pixel in diesem Sinne als weiß gelten sollte, nicht so einfach und muss den Beleuchtungsverhältnissen angepasst werden. Das Listing zeigt einen Vorschlag, den man – im Sinne von Modellbildung und Modellkritik – bewerten und noch verbessern kann.

```
# Listing 6 (Fragment) : White-Box statt Blue-Box
hintergrund=Image.open("wald.jpg") # Hat auch 640x480 Pixel
while True:
    camshot = cam.getImage()
    # Event-Behandlung wie oben
    for x in range(breite):
        for y in range(hoehe):
            p=camshot.getpixel((x,y))
            s=110 # Schwelle fuer weiss
            if p[0]>s and p[1]>s and p[2]>s and
                                   max(abs(p[0]-p[1]),
                                       abs(p[2]-p[1]))<50:
              camshot.putpixel((x,y),
                               hintergrund.getpixel((x,y)))
        # Darstellen wie oben
```

Damit sind eine Reihe von Anwendungen angerissen und die Rolle der Mathematik in der Videobearbeitung angesprochen. Das soll vor allem zum Experimentieren anregen. Professionelle Ergebnisse zu erzielen ist schwierig, weil die Algorithmen sehr schnell ablaufen müssen, und das erreicht man mit dieser »naiven« Herangehensweise nicht.

Kapitel 14: Clusteranalyse

Dieses Kapitel behandelt aus Sicht der Mathematik ein exotisches Thema: Clusteranalyse. Dieses Verfahren dient dazu, Daten, die in Form numerischer Vektoren im R^n gegeben sind, in zueinander möglichst ähnlichen Teilmengen zu gruppieren. Das ist mathematisch gesehen ein schlecht (also nicht eindeutig) gestelltes Problem und entsprechend gibt es dafür viele Lösungen. In allen Verfahren spielt die Mathematik aber eine wichtige Rolle, weil sie Werkzeuge und Visualisierungsmöglichkeiten bereitstellt.

Cluster finden

Ausgangsdaten sind eine Matrix, eine Tabelle oder eine Liste von Listen. In Python verwenden wir die letzte Möglichkeit.

```
BeispielDaten=[[9,2,3],[9,9,9],[7,0,5],[8,4,4],
               [9,3,2],[7,9,8],[5,1,1],[7,2,3]]
```

Dies sind erfundene Daten von acht Individuen, zu jedem liegen drei Zahlenwerte vor. Beispielsweise könnte für eine kleine Gruppe von acht Schülern notiert sein, wie viele Punkte die Schüler in einem Test aus drei Aufgaben erreicht haben. Nun weiß jeder Lehrer, dass es Teilgruppen von ähnlichen Schülern gibt, z.B. die Überflieger, die Auswendiglerner etc. Das sollte sich in den erreichten Punktzahlen widerspiegeln. Ziel der Clusteranalyse ist es, die Datenpunkte nach Ähnlichkeit in Cluster (Teilmengen) einzuteilen. Andere Anwendungen der Clusteranalyse sind z.B.:

- Klassifizierung von Erdbeben nach ihrem Verlauf
- Einteilung der Kunden eines Online-Shop nach ähnlichem Kaufverhalten. Darauf aufbauend kann man gezielte Empfehlungen geben: »Das könnte Ihnen auch gefallen ...«, und somit die Werbung verbessern.

Solche Anwendungen gehören zum Bereich des Data-Mining, weil man mit einer Datenmenge startet und ohne vorab Hypothesen aufstellen zu müssen, Zusammenhänge zutage fördert. Allerdings sind die Ergebnisse so, dass man sie noch interpretieren muss. Wir werden z.B. sehen, dass bestimmte Schüler des eben betrachteten Datensatzes einem ähnlichen Lerntypus angehören, aber dieser müsste dann noch (wenn man die Aufgaben kennt) interpretiert werden.

Da die Daten nach Ähnlichkeit gruppiert werden sollen, braucht man ein Ähnlichkeitsmaß, wir werden hier den euklidischen Abstand im r-dimensionalen Vektorraum verwenden:

```
def abstand(p,q):
    return sqrt(sum([(p[i]-q[i])**2
                     for i in range(len(p))]))
```

Eine Alternative wäre, den Korrelationskoeffizienten r zu berechnen und $1\text{-}r$ als Abstand zu verwenden.

Das erste Verfahren, das hier vorgestellt wird, ist der k-Means-Algorithmus. Dabei muss man vorgeben, wie viele Cluster entstehen sollen. Die Idee des Algorithmus ist geometrisch: Die Punkte eines Clusters liegen im Raum nahe beieinander. Man kann also einen Cluster durch seinen Schwerpunkt charakterisieren. Dieser berechnet sich als Mittelwert der Vektoren in der Datenmenge. Mit den Funktionen zur Vektorrechnung aus dem obigen Kapitel könnte man demnach die Berechnung begrifflich sehr schön durchführen, wir starten hier aber bei Null:

```
def Mittelpunktvon(daten):
    dim=len(daten[0]) # Dimension der einzelnen Vektoren
    ergebnis=[0]*dim  # Null-Vektor der Dimension dim
    for i in range(dim): # für jede Dimension werden
        for punkt in daten: # die Eintraege aller Daten
            ergebnis[i]+=punkt[i]  # addiert
    return [x/len(daten) for x in ergebnis]
```

Dann ist z.B.:

```
>>> Mittelpunktvon([[1,100],[3,200],[8,120]])
[4.0, 140.0]
```

Wenn k Cluster gebildet werden sollen, wählt man (zufällig oder systematisch, je nach Vorliebe) k der Datenpunkte aus, die als anfängliche Zentren der Cluster dienen. Dann ordnet man jeden Datenpunkt dem Cluster zu, zu dessen Zentrum der Datenpunkt am nächsten ist. Die Punkte, die einem Zentrum am nächsten sind, bilden einen Cluster. Aus ihrem Schwerpunkt kann ein neues Zentrum berechnet werden. Dieses Verfahren wird über viele Runden durchgeführt, bis sich an der Gruppierung der Daten nichts mehr ändert.

Im Fall von Datenpunkten aus dem R^2 lässt sich das grafisch veranschaulichen:

Tabelle 14.1 Schritte der Clusteranalyse

Befehl:	Variablen / Kommentar
1. Schritt: k wählen (hier k=2) 2. Schritt: k Zentren (kleine Quadrate) zufällig wählen und zu den Datenpunkten (große Kreise) hinzufügen 3. Schritt: Datenpunkte den nächsten Zentren zuweisen (Pfeile)	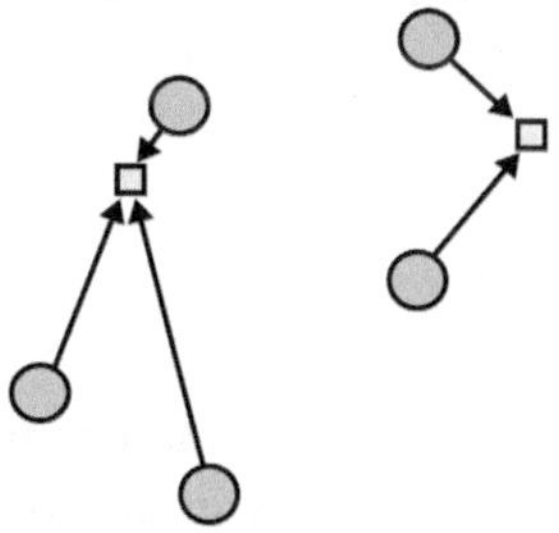
4. Schritt: Zentren zum Mittelpunkt der zugeordneten Daten verschieben	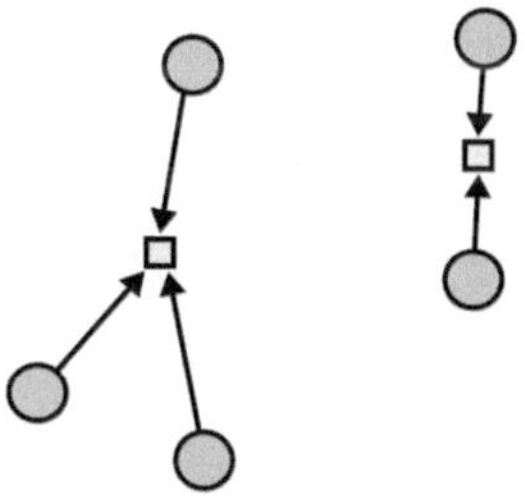
5. Schritt: Datenpunkte neu zuordnen (Schritt 3 wiederholt)	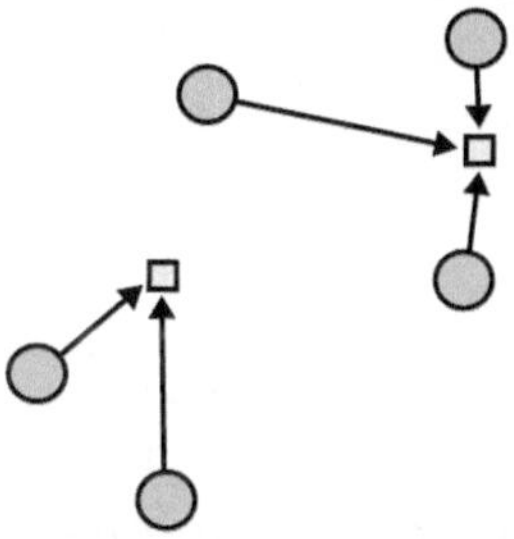
6. Schritt: Zentren zum Mittelpunkt der zugeordneten Daten verschieben (Schritt 4 wiederholt) usw.	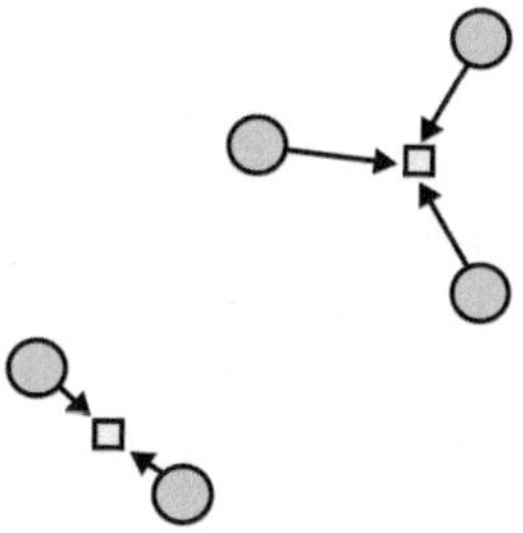

Eine programmtechnisch schwierige Frage ist, wie man speichert, zu welchem Cluster ein Datenpunkt gehört. Im Programm unten wird das durch eine Liste `clusterVon` erledigt, die ebenso viele Einträge hat, wie es Datenpunkte gibt, und die an ihrer i-ten Stelle die Nummer des Clusters des i-ten Datenpunktes speichert. Die Anfangsbelegung ist beliebig, im Programm unten wird ausgezählt.

Als Hilfsfunktion wird lokal noch definiert, wie man herausfindet, welche Datenpunkte zu einem Cluster gehören:

```
def punkteVonCluster(j): # j ist Cluster-Nummer
  return [daten[i] for i in range(n)
             if clusterVon[i]==j]
```

Der Algorithmus bricht dann ab, wenn sich bei der Zuordnung der Punkte zu Clustern nichts mehr ändert. Damit hätten wir alles beisammen:

```
def kCluster(daten,k):
    n=len(daten)
    clusterVon=[i%k for i in range(n)]
       # i-tes Datum gehoert zu diesem Cluster
    def punkteVonCluster(j): # j ist Cluster-Nummer
        return [daten[i] for i in range(n)
                if clusterVon[i]==j]
    esAendertsichWas=True
    while esAendertsichWas:
        esAendertsichWas=False
        zentren=[Mitelpunktvon(punkteVonCluster(j))
                 for j in range(k)]
        for i in range(n):
            punkt=daten[i]
            optimal=0 # Nummer des besten Zentrums
            for c in range(1,k):
                if (abstand(zentren[c],punkt)<
                   abstand(zentren[optimal],punkt) ):
                    optimal=c
            if not(clusterVon[i]==optimal):
                 esAendertsichWas=True
            clusterVon[i]=optimal
    return [punkteVonCluster(j) for j in range(k)]
```

Die Anwendung liefert:

```
>>> kCluster(BeispielDaten,3)
[[[9, 2, 3], [7, 0, 5], [9, 3, 2], [5, 1, 1], [7, 2, 3]],
[[8, 4, 4]], [[9, 9, 9], [7, 9, 8]]]
```

Der dritte Cluster [[9, 9, 9], [7, 9, 8]] besteht aus den Schülern, die überall gut sind und der erste aus denen, die nur die erste Aufgabe gut konnten. Schließlich gibt es noch einen einzelnen Clustertyp, der sich in der Mitte bewegt. Da man die Zahl der Cluster vorgeben muss, ist es interessant zu bewerten, wie weit die Daten noch um die Clusterzentren streuen. Wenn man das berechnet und die Zahl der Cluster variiert, sieht man, dass der Fehler schon mit zwei Clustern deutlich kleiner wird und später nur noch wenig schrumpft. Wenn die Clusteranzahl gleich der Zahl der Datenpunkte ist, ist der Fehler null, denn dann kann jedes Datum seinen eigenen Cluster bilden.

```
def clusterFehler(clusters):
    fehlersumme=0.0
    for c in clusters:
        m=Mitelpunktvon(c)
        for p in c: fehlersumme+=abstand(p,m)
    return fehlersumme

for k in range(1,5):
    print("Analyse mit ",k," Clustern")
    clusters=kCluster(BeispielDaten,k)
    print("Fehlersumme=",
          clusterFehler(clusters))
    print()
```

Hierarchische Clusteranalyse

Trotz dieser Automatisierung ist es nicht so günstig, dass man die Zahl der Cluster vorgeben muss. Die hierarchische Clusteranalyse organisiert die Daten in einem Baum: An den Blättern stehen die Datenpunkte. Je weiter man von der Wurzel einen gemeinsamen Weg gehen kann, umso ähnlicher sind sich die Daten. Der folgende Baum sagt beispielsweise aus, dass sich b und c am ähnlichsten sind und d allen anderen am unähnlichsten.

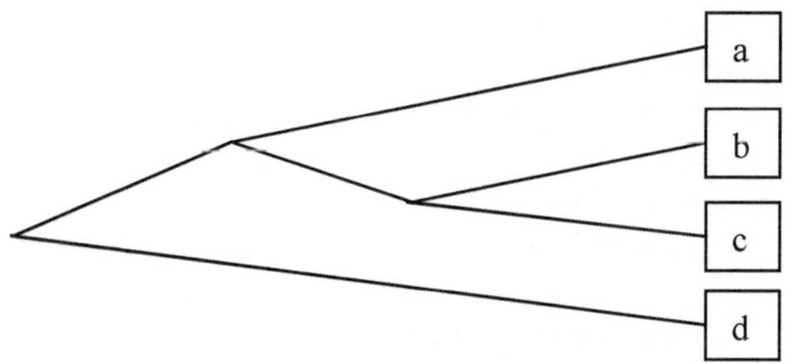

Diese Struktur kann man mithilfe von Listen abbilden: [[a,[b,c]],d].

Um eine solche Clusteranalyse durchführen zu können, ist es sinnvoll, von solchen geschachtelten Daten noch die Schwerpunkte zu berechnen. Dazu dient eine Funktion, die geschachtelte Strukturen von Vektoren flach werden lässt. Es soll also aus [[1,2],[3,4],[[[9,9],[7,7]]]] werden [[1,2],[3,4],[9,9],[7,7]]. Dazu muss man erkennen, was ein Vektor ist.

```
def istVektor(L):
   return type(L)==list and
         (type(L[0])==int or type(L[0])==float)
def flach(L):
    if istVektor(L): return [L]
    Lflach=[flach(u) for u in L]
    ergebnis=[]
    for liste in Lflach: ergebnis=ergebnis+liste
    return ergebnis
def Schwerpunkt(daten): return
Mitelpunktvon(flach(daten))
```

Beispiele dazu:

```
>>> istVektor([4,3,6])
True
>>> istVektor([[4,3,6]])
False
>>> istVektor([[],3,6])
False
>>> flach([[[1,2],[7,8]],[[9,1]],[5,2]])
[[1, 2], [7, 8], [9, 1], [5, 2]]
```

Die eigentliche Clusteranalyse besteht darin, jeweils die beiden Teilcluster zu finden, die sich von ihren Daten her am ähnlichsten sind:

```
def hcluster(daten):
    C=[p for p in daten] # Eine Kopie der Daten
    while len(C)>1:
        optimalespaar=[0,1]# Suche vorbereiten
        optimalerAbstand=
            abstand(Schwerpunkt(C[0]),Schwerpunkt(C[1]))
        for i in range(len(C)-1):
            for j in range(i+1,len(C)):
                if (abstand( Schwerpunkt(C[i]),
                           Schwerpunkt(C[j]))<
                    optimalerAbstand):
                      optimalespaar=[i,j]
```

```
                        optimalerAbstand=
                         abstand(Schwerpunkt(C[i]),
                              Schwerpunkt(C[j]))
        [r,s]=optimalespaar
        C=C[:r]+C[r+1:s]+C[s+1:]+[[C[r],C[s]]]
    return C[0]
```

Das Ergebnis ist nicht sehr anschaulich, deswegen bietet es sich an, eine Funktion zu schreiben, die die Ergebnisse etwas strukturierter ausgibt:

```
def printCluster(C,tiefe=0):
    if istVektor(C):
        print( (" "*tiefe)+str(C))
        return
    print((" "*(tiefe-1))+"[")
    for c in C:
        printCluster(c,tiefe+5)
    print((" "*(tiefe-1))+"]")
printCluster(hcluster(BeispielDaten))
```

Das sieht dann so aus:

```
[
     [9, 9, 9]
     [7, 9, 8]
]
[
     [5, 1, 1]
    [
          [7, 0, 5]
         [
               [8, 4, 4]
              [
                    [7, 2, 3]
                   [
                         [9, 2, 3]
                         [9, 3, 2]
                   ]
              ]
         ]
    ]
]
```

Auf dieser Darstellung sieht man ganz gut, wo Gruppen ähnlicher Schüler sind.

Aufgaben

1. Behandeln Sie die gleichen Daten auch mit dem Abstandsmaß, das sich aus dem Korrelationskoeffzienten ergibt. Was sind die Vor- und Nachteile dieser Maße?
2. Das Ergebnis der k-Means-Clusteranalyse hängt in bestimmten Fällen von der Wahl der ursprünglichen Zentren ab. Konstruieren Sie solche Beispiele.
3. Lesen Sie in [Segaran 2009] weitere Anwendungen der Clusteranalyse im Internet nach und schreiben Sie entsprechende Programme.

Kapitel 15: Computeralgebra

Computeralgebrasysteme nehmen inzwischen in vielen Bundesländern einen festen Platz im Mathematikunterricht des Gymnasiums ein. Gelegentlich trifft man Schüler, die verblüfft sind, dass ein Computer Dinge tun kann wie Terme vereinfachen oder Ableitungen bestimmen, die sie für dermaßen intelligent halten, dass sie sie einem Computer eigentlich gar nicht zugetraut hätten. Ein gewisses Grundverständnis, wie ein solches System arbeitet, ist auch für den Anwender nützlich, weil man dann eher einschätzen kann, was ein solches System kann – und was nicht. Die Hauptintention ist aber die der Aufklärung: Man sollte hinter die Kulissen von Software blicken, die man als Black-Box benutzt.

1. Schritt: Die Modellierung algebraischer Terme

Terme lassen sich auf viele Arten darstellen. Neben der traditionellen Schreibweise gibt es die polnische und die umgekehrte polnische Notation, außerdem gibt es grafische Darstellungen wie Termbäume.

Tabelle 15.1 Term Repräsentationen

Traditionell	Übliche Computersyntax	UPN (z.B. Forth, HP-Taschenrechner)	Polnische Notation (z.B. Lisp)
`2+3`	`2+3`	`2 3 +`	`(+ 2 3)`
`4·x·y²`	`4*x*y^2`	`4 x y 2 ^ * *`	`(* 4 x (^ y 2))`
`4/(x+y)`	`4/(x+y)`	`4 x y + /`	`(/ 4 (+ x y))`
`4/x+y`	`4/x+y`	`4 x / y +`	`(+ (/ 4 x) y)`

Die entscheidenden Merkmale sind jeweils gleich: Terme bauen sich rekursiv auf: Da wo eine Zahl oder eine einzelne Variable stehen kann, kann auch ein beliebig komplexer Ausdruck vorkommen. Die Sprache der Algebra ist kontextfrei.

Wenn man von der traditionellen Termschreibweise ausgeht, bietet es sich an, folgendermaßen zu modellieren:

- Zahlen sind Pythonzahlen
- Variablen sind Python-Strings ohne Leerzeichen, z.B. `"x"`, `"a1"`, `"laenge"`
- Terme mit Operanden sind Listen mit drei Elementen, z.B.: `[2, "+",3]`, `[2, "*", [ "x", "+",1]]`
- Funktionen sind Listen mit zwei Elementen, z.B. `["sin",30]`, `["sqrt",44]`

Dieses Vorgehen ist häufig sinnvoll: Man schreibt zuerst Darstellungen der Daten hin und überlegt sich dann Funktionen, mit denen diese erzeugt, geprüft und modifiziert werden können.

Mit dieser Darstellung von Termen kann man leben. Man merkt dann allerdings bald, dass es unpraktisch ist, bei Funktionen die Operation an erster, bei Operatoren an zweiter Stelle der Liste zu finden. Deswegen ist es geschickter – und näher an dem was ein professioneller CAS macht – wenn man eine an die polnische Notation angelehnte Version benutzt. Die obigen Beispiele werden dann: `["+",2,3]`, `["*",2, ["+","x", 1]]`. Das hat gleich noch einen weiteren Vorteil: Summen und Produkte können mehr als ein Argument besitzen. Damit lassen sich lange Summen kompakt hinschreiben: `["+",1,2,3, "x","y"]`.

Nachdem man eine solche Darstellung fixiert und von Hand einige Terme hin- und her-übersetzt hat, bietet es sich an, einige Hilfsfunktionen zu schreiben:

```
def istZahl(x): return type(x)==int
def istVar(x): return type(x)==str and not(" " in x)
def istFunktion(x):
    if type(x)!=list: return False
    return len(x)>0
def istSumme(x):
    if not(istFunktion(x)): return False
    return x[0]=="+"
def istProdukt(x):
    if not(istFunktion(x)): return False
    return x[0]=="*"
def makeSumme(a,b):    return ["+",a,b]
def makeSummeL(L):
    if L==[]: return 0
    if len(L)==1: return L[0]
    return ["+"]+L
def makeDifferenz(a,b): return ["+",a,["*",-1,b]]
def makeProdukt(a,b):  return ["*",a,b]
```

Damit kann man Terme zusammenbauen und auseinandernehmen.

Beispielsweise liefert `makeSumme(1,makeSumme(2,3))` als Ergebnis `['+',1, ['+',2, 3]]`. Von der Bedeutung her gleich ist `makeSummeL([1,2,3])`, das aber das äquivalente `['+',1,2,3]` produziert.

Rein numerische Terme lassen sich leicht ausrechnen:

```
def evalNum(a): # a ist ein Zahlterm-wird ausgerechnet
    if istZahl(a): return a
    if istSumme(a): return sum([evalNum(x) for x in a[1:]])
```

```
    if istProdukt(a):
        return produkt([evalNum(x) for x in a[1:]])
    if istPotenz(a):
       return evalNum(op(a,1))**evalNum(op(a,2))
    print("Unbekannter Term: ", a)
    return a

def produkt(L):
    ergebnis=1
    for x in L: ergebnis=ergebnis*x
    return ergebnis
```

Unschön ist, dass die Terme nicht wie in der Mathematik üblich ausgegeben werden. Das kann man aber leicht verbessern:

```
def ausgabe(term):
    if istZahl(term): return str(term)
    if istVar(term): return term
    if istSumme(term):
        s=""
        for i in range(1,len(term)):
            s=s+ausgabe(opn(term,i))
            if i!=len(term)-1: s=s+"+"
        return s
    if istProdukt(term):
        s=""
        for i in range(1,len(term)):
            if istSumme(opn(term,i)) :
                s=s+"("+ausgabe(opn(term,i))+")"
            else: s=s+ausgabe(opn(term,i))
            if i<len(term)-1: s=s+"*"
        return s
    if istPotenz(term):
        if istZahl(opn(term,1)) or istVar(opn(term,1)):
            a1=ausgabe(opn(term,1))
        else: a1="("+ausgabe(opn(term,1))+")"
        if istZahl(opn(term,2)) or istVar(opn(term,2)):
            a2=ausgabe(opn(term,2))
        else: a2="("+ausgabe(opn(term,2))+")"
        return a1+"^"+a2
    if istFunktion(term): return
str(term[0])+"("+ausgabe(opn(term,1))+")"
```

Dann liefert beispielsweise `ausgabe(makeProdukt(5,makeSumme("x",3)))` das Ergebnis `5*(x+3)`.

2. Schritt: Ableiten und Vereinfachen

Mit dem Ableiten von Termplantagen kann man sich im Matheunterricht stundenlang beschäftigen. Die üblichen Kalkülregeln sind dabei so einfach, dass sie sich gut programmieren lassen. Etwas kniffliger ist vor allem die Produktregel, weil in unserer Termschreibweise Produkte ja beliebig viele Faktoren haben dürfen. Die Ableitung hat dann so viele Summanden wie das Produkt Faktoren: $(u \cdot v \cdot w)' = u' \cdot v \cdot w + u \cdot v' \cdot w + u \cdot v \cdot w'$.
Hier gleich eine fast vollständige Version, an der man aber noch – als Übungsaufgabe – ein paar Dinge verbessern kann:

```
def diff(term,x):
    if term==x: return 1      # x nach x
    if istVar(term): return 0  # andere Variable als x
    if istZahl(term): return 0 # Konstantenregel
    if istSumme(term):
        return makeSummeL([ diff(ex,x) for ex in term[1:]])
    if istProdukt(term):
        L=[makeProduktL(term[1:i]+
                        [diff(term[i],x)]+term[i:])
           for i in range(1,len(term))]
        return makeSummeL(L)
    if istPotenz(term):
        return makeProdukt(opn(term,2),
             makeProdukt(diff(opn(term,1),x),
             makePotenz(opn(term,1),
             makeDifferenz(opn(term,2),1))))
    if istFunktion(term):
        f=term[0]
        arg=opn(term,1)
        innerAbl=diff(arg,x) # innere Ableitung
        if f=="sin":
            return makeProdukt(innerAbl,
                                   makeFunktion("cos",arg))
        if f=="cos":
            return makeProduktL([innerAbl,-1,
```

```
makeFunktion("sin",arg)])
    raise Exception("Leider nicht ableitbar:"+str(term))
```

Damit ergibt `ausgabe(diff(["sin",["^","x",2]],"x"))` als Ergebnis `'2*1*x^(2+-1*1)*cos(x^2)'`, was in einer Klausur schon ein paar Punkte bringen würde .

Mit `term=["*",2,["+","x","y"]]` liefert dann `ausgabe(diff(term,"x"))` das Ergebnis `'0*2*(x+y)+2*(1+0)*(x+y)'`. Das zeigt einerseits, dass die Methode funktioniert, aber auch, dass man unbedingt einen Termvereinfacher braucht. Er rechnet u.a. numerische Teilterme aus und fasst andererseits einige Terme zusammen. Da gibt es aber sehr viele Regeln und wir belassen es bei einer Andeutung:

```
def vereinfache(term):
    if istZahl(term): return term
    if istVar(term): return term
    if istProdukt(term) and 0 in term: return 0
         # Ein Faktor 0, dann alles 0
    ....
```

Mehr braucht hier nicht gezeigt werden. Die grundlegenden Arbeitstechniken beim Auseinandernehmen und neu Zusammensetzen der Terme sind wie beim Ableiten – nur dass es viel mehr Vereinfachungsregeln gibt.

In den Dateien zum Kapitel gibt es eine Fassung, die einige Vereinfachungen vornimmt, vor allem eliminiert sie überschüssige Terme. Eine richtige Termvereinfachung ist das noch nicht: x+y+x wird z.B. nicht vereinfacht. Wegen der Kommutativität der Addition kann man die Operanden sortieren und dann nach gleichen oder gleichartigen suchen. Das macht aber schon einige Arbeit.

3. Schritt: Ein Parser

Bisher musste man die Terme gemäß unserer Darstellung in Python-Syntax eingeben. Eine automatisierte Umsetzung von Zeichenketten in dieser Darstellung ist auch möglich, führt aber tiefer hinein in die Informatik. Dort nennt man ein solches Programm Parser. Wir demonstrieren hier nur, wie man ihn verwendet – die Funktionsweise kann man aus dem Programmtext zum Kapitel rekonstruieren.

```
>>> parser("x+2*y")
['+', 'x', ['*', 2, 'y']]
```

Die Differenzierungsfunktion, die gleich Ein- und Ausgabe mit übernimmt, lautet dann:

```
def diffstr(term,var):
    return ausgabe(vereinfache(vereinfache(
diff(parser(term),var))))
```

Das doppelte Vereinfachen trägt dem Umstand Rechnung, dass manchmal noch weiter zu vereinfachende Ergebnisse entstehen.
Bei Eingabe von

```
diffstr("x^2*sin(5*x^2+a*x+b)","x")
```

erhält man jetzt

```
'2*x^2*sin(5*x^2+a*x+b)*x+(2+10*x^2*x+a*x)*x^2*cos(5*x^2+
a*x+b)*sin(5*x^2+a*x+b)'
```

Auf dieser Basis dieser Technik könnte man sich um folgende Erweiterungen kümmern:

- Weitere Vereinfachungen
- Ausklammern
- Bestimmen von Stammfunktionen
- Lösen von Gleichungen
- Ausgaben »Verschönern«
- Verwenden von Substitutionsbefehlen

Wenn man sich mit der Arbeitsweise eines CAS so intensiv beschäftigt, wie wir das hier tun, lernt man auch etwas über das Verhalten großer CAS: Computeralgebrasysteme suchen nach Mustern: Wenn 0 in einem Faktor auftritt wird in der Regel das ganze Produkt zu 0 vereinfacht, auch wenn ein anderer Faktor unendlich ist oder sein könnte. Im Prinzip könnte man zwar solche Abfragen einbauen, aber das verkompliziert die Sache erheblich. Darf eine normale Variable immer als endlich betrachtet werden, obwohl man unendlich dafür substituieren könnte? Vielleicht will man deswegen Unendlich gar nicht erlauben. Aber auch dann bleibt das Problem, dass man Sonderfälle nicht systematisch behandeln kann: Als Stammfunktion von x^n geben die meisten CAS $x^{n+1}/(n+1)$, obwohl man darin nicht n=-1 substituieren darf, und die Gleichung $a{\cdot}x$=1 wird zu x=1/a gelöst, obwohl das für a=0 nicht richtig ist. Es gibt verschiedene Ansätze zur Lösung dieses Problems: Ein CAS kann den Benutzer fragen, oder es gibt eine Fallunterscheidung aus. In allen Fällen befriedigend ist aber keiner dieser Ansätze.

Ein verhältnismäßig leistungsfähiges ganz in Python geschriebenes CAS ist Sympy (www.sympy.org) und darauf aufbauend das Programm Sage (www.sagemath.org). Es integriert Python mit einem der großen Computeralgebrasysteme, Maxima.

Anhang: Installationshinweise

Python

Für die gängigen Betriebssysteme kann Python unter www.python.org heruntergeladen werden. In diesem Buch wird die Version 3.1 zugrunde gelegt.

Die Python-Distribution enthält die Programmierumgebung IDLE. Wer diese nicht mag, kann auf andere Angebote zurückgreifen, z.B. DrPython, WinPython oder PyDev für Eclipse.

Die Programmcodes in den meisten Kapiteln in diesem Skript kommen mit Standard-Python-Befehlen aus. Sie können z.B. auch in der Java-basierten Version Jython oder in der Dotnet-Version IronPython verwendet werden. Auch für das iPAD gibt es eine Python-Variante, die sogar einige mathematische Bibliotheken mitbringt, aber leider keine Grafik beherrscht.

Visual Python

Für die 3D-Grafik wurde die Bibliothek VPython verwendet: http://www.vpython.org/ Zu dieser Bibliothek gibt es verschiedene Erweiterungen, unter anderem gibt es eine Turtle für die Raumgeometrie.

SWGUI

Zur (verhältnismäßig) einfachen Gestaltung von grafischen Benutzeroberflächen ist SWGui gedacht. Diese Bibliothek vereinfacht die mit Python mitgelieferte Bibliothek TKinter und ermöglicht insbesondere ein interaktives Zusammenbauen der Benutzeroberfläche, d.h. man kann die Befehle zum Erzeugen von Buttons etc. direkt in der Python-Shell eingeben und sieht sofort, wie die Programmoberfläche aussieht – und diese ist auch gleich voll funktionsfähig.

SWGui besteht aus einer einzigen Datei, die man in das Verzeichnis kopiert, in dem auch die Dateien liegen, die sie benutzen. Alternativ kann man die Datei in den »Site-Packages«-Ordner der Python-Distribution kopieren (unter Windows: c:\Python31\Lib\site-packages).

SWGui-Programme müssen diese Bibliothek importieren und das System starten:

```
from SWGui import *
initSWGui()
```

Danach stehen u.a. folgende Gestaltungselemente zur Verfügung.

Textanzeigen

Um Text anzuzeigen, benutzt man ein »Schildchen« `SWLabel`. Man erzeugt es beispielsweise so:

```
La1=SWLabel(text="Test-Programm")
```

Danach kann der Text noch geändert werden:

```
La1.setText("Neuer Text")
```

Texteingaben

Um Text eingeben zu können, bedient man sich eines Objektes der Klasse `SWEntry`. Man erzeugt es beispielsweise so:

```
te=SWEntry(text="")
```

Wie bei `SWLabel` kann der Text mit `setText` geändert werden, und mit `getText` wird er ausgelesen.

Buttons

Ein `SWButton` kann angeklickt werden und damit eine Aktion auslösen. Ansonsten zeigt er Text an und ist damit auch so etwas wie ein Label:

```
B=SWButton(text="Druecken")
```

Die Funktion, die aufgerufen wird, sobald der Button gedrückt wird, muss erst definiert werden und danach mit dem Befehl `setCommand` mit dem Button verbunden werden:

```
def reagiere(): print("Button wurde gedrückt")
B.setCommand(reagiere)
```

Auch bei einem Button, kann der Text noch geändert werden: `B.setText("Neu")`

Container

Die Objekte wie Button und Label, die man erzeugt, landen im SWGui-Fenster übereinander. Um die Dinge anordnen zu können, gibt es vertikale und horizontale Container.

```
Frame1=SWFrameHori()
Frame2=SWFrameVert()
```

Wenn man solche Container erzeugt hat, kann man bei den Objekten angeben, wo sie landen sollen, z.B:

```
B2=SWButton(text="Ende", container=Frame2)
```

Container können auch innerhalb anderer Container erzeugt werden, so dass man verschachtele Layouts realisieren kann:

```
Frame2=SWFrameVert(container=Frame2)
```

Zeichenfläche

Ein Bereich, in dem geometrische Objekte erzeugt werden können, ist die SWCanvas.

```
Feld=SWCanvas(width=400,height=300)
```

Ein Koordinatensystem kann dem hinzugefügt werden: `Feld.showCoSys()`

In dieser Zeichenfläche können Kreise und Strecken erzeugt werden. Bei Kreisen gibt man die Koordinaten des Mittelpunktes und den Radius an, bei Strecken die Koordinaten von Anfangs- und Endpunkt in der Reihenfolge x_1,y_1,x_2,y_2 und bei Texten die Position und die Zeichenkette.

```
ball=Feld.createCircle(100,100,10)
strecke=Feld.createLine(100,100,200,100)
text=Feld.createText(200,100, "Hallo")
```

Von diesen Erzeugungsbefehlen gibt es auch Varianten, die auf `W` enden, also `createCircleW` usw. Bei diesen beziehen sich die Koordinaten nicht auf die Pixelkoordinaten des Bildschirms, sondern auf ein mathematisches Koordinatensystem.

Dessen Grenzen sind normalerweise -10..10 in beide Richtungen, können aber z.B. durch `Feld.viewport=[-20,20, -10,10]` auf eine Breite von 40 und Höhe von 20 gesetzt werden.

Die erzeugten geometrischen Objekte können noch modifiziert werden: Für alle stehen die folgenden Funktionen bereit:
`setColor(farbe)`

Farbe kann durch eine Zahl zwischen 0 und 255 definiert sein: Der Grauwert, eine Liste wie [255,100,100] aus Rot-, Grün- und Blauanteilen der Farbe oder eine Zeichenkette mit einem Farbnamen wie "red". Beispiel: `ball.setColor(100)`
`move(dx,dy)` und `moveW(dx,dy)`

Verschiebt das Objekt um die angegebene Strecke. Beispiel: `text.move(50,0)`
`setCoords(...)`
Das setzt die Bildschirm-Koordinaten (Bedeutung wie bei der Erzeugung).
Speziell für Kreise gibt es `setCenter(x,y)` und `setCenterW(x,y)` zum Setzen des Mittelpunktes und `setRadius(r)` und `setRadiusW(r)` zum Setzen des Radius.
Beispiel: `ball.setCenter(ball.x+ball.vx*dt, ball.y+ball.vy*dt)`

Bitmap

Pixelbasierte Grafiken erzeugt man als Objekt innerhalb einer SWCanvas.

```
bitmap=Feld.createImage(0,0,(200,150))
```

Die Parameter bestimmen, wo die Bitmap innerhalb der Grafik liegt, und wie groß sie ist. Solche Bitmaps besitzen die folgenden Methoden:

`getPixel(x,y)` Liefert den Grauwert des Pixels als eine Zahl
`getPixelRGB(x,y)` Liefert die Farbe des Pixels als Liste der Farbkomponenten
`setPixel(x,y,w)` Setzt ein Pixel auf grau, w ist die Helligkeit (eine Zahl)
`setPixelRGB(x,y,F)` Setzt ein Pixel auf die durch die Liste F angegebenen Farbe

Ein ganzes Programm

Zum Abschluss wird ein vollständiges Programm gezeigt, ein Rechner für den Body-Mass-Index.

```
from SWGui import *
initSWGui()

SWLabel(text="Geben Sie Gewicht und Groesse ein")

Frame1=SWFrameHori()
```

```
SWLabel(text="Gewicht (in kg)",container=Frame1)
gew=SWEntry(container=Frame1)
SWLabel(text="Groesse (in cm)",container=Frame1)
groe=SWEntry(container=Frame1)

button=SWButton(text="Berechne den BMI")
ausgabe=SWLabel("")

def rechne():
    m=float(gew.getText())
    h=float(groe.getText())
    bmi=m/(h/100.0)**2
    bmi=int(bmi*100)/100
    ausgabe.setText("BMI="+str(bmi))

button.setCommand(rechne)
```

Ausblick

Mit den hier vorgestellten Befehlen sind längt noch nicht alle Möglichkeiten beschrieben, aber mehr als genug, um mathematische Visualisierungen zu programmieren.

Funktionen mit Lambda

Üblicherweise definiert man Funktionen in Python mit `def`:

```
>>> def plus1(x): return x+1
>>> plus1(7)
8
```

Es gibt aber auch die folgende Alternative:

```
>>> Plus1=lambda x: x+1
>>> Plus1(7)
8
```

Dieses Vorgehen spart vor allem Arbeit an Stellen, an denen man eine Funktion übergeben muss, die vorher noch nicht existierte, beispielsweise bei unserer Integralfunktion:

```
>>> integral(lambda x: x*x, 0,1)
```

Im Laufe dieses Skriptes wurde eine ganze Reihe ähnlicher Funktionen definiert, die als eine ihrer Eingaben eine andere Funktion erwarten, beispielsweise die Funktionen zum numerischen Differenzieren und Minimieren. Überall wo Funktionen als Eingabe erwartet werden, kann man mit `lambda` ein `def` sparen.

Die Bedeutung von Lambda stützt sich auf Theorie: Es gibt das Lambda-Kalkül, das zeigt, dass man allein mit Lambda alles berechnen kann, was ein Computer überhaupt berechnen kann. Man braucht nicht mal Zahlen, Listen usw., all das kann aus Lambda definiert werden. Diese mächtige mathematische Theorie steckt hinter den sogenannten funktionalen Programmiersprachen. Sie kann hier nicht erschöpfend erläutert werden, aber ein paar Ideen davon, wie man mit wenigen Konzepten etwas strukturell Wichtiges erreichen kann, sollen gegeben werden.

Auf den ersten Blick erscheint es sogar ausgesprochen unwahrscheinlich, dass man mit Lambda sehr viel anfangen kann, denn – das wurde oben verschwiegen –im Vergleich zu def sind Funktionen, die man in Python mit Lambda definiert, sehr eingeschränkt: Sie dürfen keine Befehle, sondern nur Ausdrücke enthalten, d.h. es gibt keine Variablenzuweisung, kein if, kein while, kein for usw..

Ein Ersatz für das »if« sind stattdessen Boolesche Ausdrücke. Statt
If bedingung then wert1 else wert2

schreibt man:
(bedingung and wert1) or wert2
Also z.B.:

```
>>> gerade=lambda x: (x%2==0 and "ja") or "nein"
>>> gerade(8)
'ja'
>>> gerade(9)
'nein'
```

Das funktioniert, weil Python die Bestandteile einer `or` Anweisung nur solange bearbeitet, bis ein Wert wahr ist, und umgekehrt `and` nur bis ein Wert falsch ist.
Damit kann man z.B. die Fakultät so berechnen:

```
>>> fak=lambda n: (n==1 and 1) or n*fak(n-1)
>>> fak(6)
720
```

Schleifen stehen in diesem rein funktionalen Stil nicht zur Verfügung, aber alle Schleifen können durch Rekursion ersetzt werden.

Es ist klar, dass das alles andere als praktisch ist. Die ursprüngliche Absicht des Lambda-Kalküls war aber auch eine rein theoretische: Alonzo Church wollte die Grenzen dessen erkunden, was überhaupt berechenbar ist. Dazu erfand er dieses einfache Kalkül und begründete, dass man alles damit berechnen kann, was auch mit anderen Methoden berechenbar ist. Weiter kann man dann verhältnismäßig leicht zeigen, dass nicht alle Funktionen berechenbar sind.

Dass das theoretische Konstrukt überhaupt Eingang ins praktische Leben fand, war Schuld eines Doktoranden, der, wie sein Doktorvater McCarthy einmal humorvoll bemerkte, Theorie und Praxis verwechselte und 1958 Lambda auf einem Computer realisierte. Damit war die bis heute verwendete Programmiersprache Lisp geboren.
Um zumindest exemplarisch zu belegen, dass man tatsächlich Datentypen und deren Operationen komplett auf Lambda reduzieren kann, wird hier eine Implementation der Booleschen Algebra und anschließend der natürlichen Zahlen gezeigt:

```
myTrue= lambda x,y: x
myFalse= lambda x,y: y
myAnd=lambda x,y:x(y,x)
myOr=lambda x,y:x(x,y)
myNot=lambda x:x(myFalse,myTrue)
myIf=lambda p,x,y:p(x,y)
```

```
def asString(a): # Rueckverwandlung in gewoehnlichen
String
    if a==myTrue: return "TRUE"
    if a==myFalse: return "FALSE"

print("Test mit de-Morgans Gesetz: not(a or b)= not(a)
and not(b)")

for a in [myFalse,myTrue]:
    for b in [myFalse,myTrue]:
        L=myNot(myOr(a,b))
        R=myAnd(myNot(a),myNot(b))
        print("a=",asString(a)," b=",asString(b),
            " not(a or b)=",asString(L),
            " not(a) and not(b)=",asString(R))
```

Natürliche Zahlen können ebenso auf Funktionen, also auf Lambda zurückgeführt werden. Die Grundidee ist die von Peano stammende, dass die natürlichen Zahlen aus der 0 und einer Nachfolgefunktion aufgebaut werden können. Allerdings muss auch das Objekt 0 selbst als Funktion dargestellt werden. Diese Problem löst man durch die Setzung, dass die Zahl n durch die Funktion dargestellt wird, die ein Argument, nämlich eine Funktion f, nimmt, und die Funktion zurückgibt, die diese Funktion n-mal hintereinander auf ihr Argument anwendet. Die Zahl 3 wird also dargestellt durch $f \to (x \to f(f(f(x))))$.

Um prüfen zu können, ob die Funktionen das tun, was sie sollen, ist es sinnvoll, Umwandlungsfunktionen zu schreiben, die zwischen Python-Zahlen und diesen Zahlen des Lambdakalküls umwandeln.

```
def P2L(n): # Verwandelt Python-Zahl in Lambda-Zahl
    if n==0: return myZero
    return mySucc(P2L(n-1))
def L2P(num): # Wandelt Lambda-Zahl -> Python
    return num(lambda x: x+1)(0)
```

Die Null ist die Funktion, die unabhängig von ihrem Argument die Identität (0-fache Anwendung von f) ergibt. Beim Nachfolger `mySucc` der Zahl `num` muss f noch einmal mehr angewendet werden. Die zur Summe von $a+b$ gehörige Funktion erhält man, indem man noch a-Mal die Nachfolgerfunktion auf b anwendet.

```
myZero=lambda f: lambda x: x
mySucc=lambda num: lambda f: lambda x: f(num(f)(x))
myAdd=lambda a,b: a(mySucc)(b)
```

```
myMul=lambda a,b: lambda f: a(b(f))
myPot=lambda a,b: b(a)

eins=mySucc(myZero)
zwei=mySucc(eins)
drei=mySucc(zwei)
vier=mySucc(drei)

print("3=",L2P(drei))
print("2+3=",L2P(myAdd(zwei,drei)))
print("2*3=",L2P(myMul(zwei,drei)))
print("2^3=",L2P(myPot(zwei,drei)))
```

Die Subtraktion fehlt hier, sie ist auch nicht leicht zu implementieren. Schon die Vorgängerfunktion ist eine gewaltige Herausforderung. Interessanter ist es, Listen auf Basis von Lambda zu implementieren und damit dann ganze Zahlen als Paare von natürlichen Zahlen und rationale Zahlen als Paare von ganzen Zahlen darzustellen. Damit sind wir bei Themen, die im Haupttext behandelt wurden. Letztlich kann die ganze Mathematik, soweit sie computerisiert werden kann, allein aus Lambda erzeugt werden!

Was es in Python sonst noch gibt

Fehler abfangen

In bestimmten Situationen bei der Programmausführung kann es zu Ausnahmesituationen kommen, beispielsweise wenn man die Wurzel aus einer negativen Zahl zieht. Perfekte Programme sollten all das vorher bedenken, aber in der Praxis ist es einfacher, Fehlersituationen ggf. abzufangen. Mit dem try-Befehl ist das möglich, seine Syntax ist:

```
try:
    Befehle
except:
    Was im Ausnahmefall zu tun ist
```

Das Folgende zeigt, wie man damit die Wurzel aus einer Zahl zieht und im Falle, dass das nicht geht, 0 als Ergebnis nimmt.

```
>>> x=12
>>> try:
    y=sqrt(x)
except: y=0

>>> y
3.4641016151377544

>>> x=-12
>>> try:
    y=sqrt(x)
except: y=0

>>> y
0
```

Fehler signalisieren

Nicht alle Programme können mit allen Eingaben sinnvoll arbeiten. Dazu gibt es in Python zwei Konzepte:
Eigene Fehlermeldungen haben wir schon bei der Vektorrechnung kennen gelernt:

```
if len(a)!=len(b):
        raise Exception ("Vektoren ungleicher Laenge!")
```

Ganz ähnlich ist das Konzept der Assertions. Damit schreibt man im Code auf, was für eine korrekte Ausführung gelten muss. Ein Beispiel:

```
def logarithmus(x):
  assert x>0
  ....
```

Häufig werden Typfestlegungen so programmiert:

```
assert isinstance(n,float) # x muss eine Dezimalzahl sein
assert isinstance(x,int) or isinstance(x,float)
assert isinstance(a,str) # a muss eine Zeichenkette sein
```

Programme, die reichlich von assert Gebrauch machen, sind oft leichter zu lesen und weniger fehleranfällig, als solche ohne enstprechende Zeilen.

Eigene Klassen

Mit dem Befehl class wird eine neue Klasse definiert. Das ist ein Bauplan für Datenstrukturen, die bestimmte Informationen zusammenfassen.
Beispiel:

```
>>> class Gerade:
      def __init__(self):
          self.aufpunkt=[0,0,0]
          self.u=[1,0,0]
      def __str__(self):
          return "Gerade Aufpunkt="+str(self.aufpunkt)+
                 "Richtung="+str(self.u)
>>> g1=Gerade()
>>> g1
<__main__.Gerade instance at 0x020C5468>
>>> print(g1)
Gerade Aufpunkt=[0, 0, 0] Richtung=[1, 0, 0]
>>> g1.u=[7,1,1]
>>> print(g1)
Gerade Aufpunkt=[0, 0, 0] Richtung=[7, 1, 1]
```

Klassen sind Grundlage der Objektorientierten Programmierung, eine angemessene Darstellung erfordert aber deutlich mehr Platz als hier zur Verfügung steht. Alle in der Literatur gennannten Python-Programmierbücher behandeln dieses Thema ausführlich.

Dictionaries

Neben Listen, die in diesem Text verwendet wurden, bietet Python Dictionaries an. Der Unterschied ist, dass die einzelnen Daten bei einem Dictionary nicht nur über eine Zahl, sondern über ein beliebiges Objekt indiziert werden können. Das Beispiel zeigt gleich, woher der Name kommt:

```
>>> DE={} # Leeres Dictionary
>>> DE["Hund"]="dog"
>>> DE["Katze"]="cat"
>>> DE
{'Katze': 'cat', 'Hund': 'dog'}
>>> DE["Hund"]
'dog'
```

Lösungen zu den Aufgaben

Kapitel 2

Aufgabe 1

Die Rechnungen können in der Python-Shell direkt eingegeben werden. Allerdings müssen die mathematischen Funktionen importiert werden:

```
>>> from math import *
>>> (12+7)/5.0
3.8
>>> sqrt(8)/2
1.4142135623730951
>>> 2*pi
6.283185307179586
>>> sin(pi/4)
0.7071067811865475
>>> abs(17-19)
2
```

Es gibt auch folgenden alternativen `import`-Befehl, der die Funktionen nur über den Vorsatz `math` bekannt macht.

```
>>> import math
>>> math.sqrt(8)/2
1.4142135623730951
```

Aufgabe 2

```
>>> Breite=12
>>> Höhe=15
>>> Länge=8
>>> Volumen=Breite*Länge*Höhe
>>> Volumen
1440
>>> V1=(Breite-1)*(Länge-1)*(Höhe-1)
>>> V2=(Breite+1)*(Länge+1)*(Höhe+1)
>> V1
1078
>>> V2
1872
```

Aufgabe 3

Weitere Funktionen können mit dem gleichen Programmtext tabelliert werden. Dabei muss nur der Funktionsterm ausgewechselt werden. Eine mögliche Modifikation des Beispiels im Text ist etwa:

```
x0=-4     # Start
x1=4      # Ende
step=0.5  # Schrittweite
n=int((x1-x0)/step) # So viele Schritte braucht man
for i in range(0,n):
    x=x0+i*step
    print("f(", x, ")=", x**3/2)
print("Ende")
```

Aufgabe 4

Bei Zeichenketten bewirkt die Addition ein Aneinanderhängen und die Multiplikation mit einer Zahl wiederholt die Zeichenkette entsprechend oft:

```
>>> "Ha"+"llo"
'Hallo'
>>> "Hallo "*5
'Hallo Hallo Hallo Hallo Hallo '
```

Aufgabe 5

Das Programm berechnet die Werte einer quadratischen Funktion und gibt die Ergebnisse als Sternchenreihe aus. Die erste Reihe ist der Wert für x=0. Dadurch entsteht ein auf der Seite liegender Funktionsgraph.

```
>>> for x in range(0,10): print(x,"#"*(x**2-10*x+26))

0 ##########################
1 #################
2 ##########
3 #####
4 ##
5 #
6 ##
7 #####
8 ##########
9 #################
```

Aufgabe 6

Es gibt verschiedene Lösungen: Die erste verwendet eine Schleife mit einer Laufvariablen, die über den Zahlenbereich läuft, und akkumuliert die Werte in einer Variablen `summe`. Dabei muss man bedenken, dass die letzte bei `range` angegebene Zahl nicht mehr zum Laufbereich gehört:

```
>>> summe=0
>>> for i in range(100,151): summe=summe+i

>>> summe
6375
```

Eine andere Lösung besteht darin, die Beziehung $1+2+...+n=n\cdot(n+1)/2$ zu nutzen und vom Wert der Summe 1+2+...+150 den Wert von 1+2+...+99 abzuziehen:

```
>>> 150*151/2-99*100/2
6375.0
```

Eine weitere elegante Methode ist die folgende, deren Grundlagen aber erst in Kapitel 4 vorgestellt werden:

```
>>> sum(range(100,151))
6375
```

Aufgabe 7

1. Weg: Schrittweite 2 bei `range` verwenden, damit Summationsschleife:

```
>>> summe=0
>>> for i in range(1,12,2): summe=summe+i

>>> summe
36
```

2. Weg: Schleife über alle natürlichen Zahlen i bis zu einer gegebenen Grenze. Daraus bildet man die ungeraden Zahlen 2i+1 und addiert:

```
>>> s=0
>>> for i in range(6): s=s+ 2*i+1

>>> s
36
```

3. Weg: Man schreibt um: $1+3+5+...+(2n+1)= (2\cdot0+1)+(2\cdot1+1)+(2\cdot2+1)+...+(2\cdot n+1)= 2\cdot(1+2+...+n)+(n+1)\cdot1$ und rechnet :

```
>>> n=7
>>> m=0
>>> for i in range(n+1): m=m+i

>>> summe=2*m+n+1
>>>
>>> summe
64
```

In jedem Falle ergibt sich, dass die Summe von aufeinanderfolgenden ungeraden Zahlen bei 1 beginnend eine Quadratzahl ist, was durch die Hakendarstellung erklärt wird:

1-mal A	3-mal B	5-mal C	7-mal D
A	B	C	D
B	B	C	D
C	C	C	D
D	D	D	D

Kapitel 3

Aufgabe 1

```
>>> def sumQuadrate(n):
        summe=0
        for i in range(n+1):
            summe=summe+i**2
        return summe

>>> sumQuadrate(5)
55
```

Die Sume der Kubikzahlen erhält man auf die gleiche Weise, wobei lediglich die Potenz von i geändert wird, d.h. die vierte Zeile ist zu ersetzen durch:

```
summe=summe+i**3
```

Test:

```
>>> sumKuben(5)
225
```

Aufgabe 2

```
>>> def FlaschenVolumen(radius,hoeheZyl,hoeheKegel):
        pi=3.14159
        volZyl=pi*radius**2*hoeheZyl
        volKegel=pi*radius**2*hoeheKegel/3
        return volZyl+volKegel

>>> FlaschenVolumen(4,10,8)
636.6955733333333
```

Aufgabe 3

```
>>> def piApprox(n): # n ist die Zahl der Streifen
    flaeche=0.0
    delta=2/n # Streifenbreite
    for i in range(n):
        x=-1.0+i*delta
        y=sqrt(1.0-x**2)
        flaeche+=y*delta
    return 2*flaeche

>>> piApprox(10000)
3.141589327430582
```

Bei gleicher Streifenzahl ist die Genauigkeit viel besser als beim Viertelkreisalgorithmus aus dem Text, denn es werden sowohl Streifen berücksichtigt, bei denen die feste Wahl der linken Grenze als Maß der Höhe eines Streifens zu einer Überschätzung wie zu einer Unterschätzung beiträgt. Die Unterschätzung in der linken Kreishälfte und die Überschätzung in der rechten Kreishälfte sollten sich dabei gegenseitig weitgehend kompensieren.

Aufgabe 4

Die Symmetrie eines regelmäßigen n-Eck bedeutet, dass die Ecken auf einem Kreis liegen. Besonders leicht lässt sich dieser parametrisieren, wenn der Mittelpunkt im Ursprung liegt: $x=r\cdot\cos(\varphi)$, $y= r\cdot\sin(\varphi)$. Nun muss man nur noch die Winkel gleichmäßig verteilen und die so berechneten Eckpunkte verbinden:

```
def nEck(r,n):
    deltaPhi=2*pi/n
    phi=0
    for i in range(n):
        x0=r*cos(phi)
        y0=r*sin(phi)
        x1=r*cos(phi+deltaPhi)
        y1=r*sin(phi+deltaPhi)
        Zeichenfeld.createLineW(x0,y0,x1,y1)
        phi+=deltaPhi
```

Aufgabe 5

Diese Aufgabe löst man ganz ähnlich wie die vorhergehende, der Radius wird nun aber ebenfalls verändert. Wenn der Radius mit dem Winkel linear anwächst, erhält man eine

Archimedische Spirale. Der Programmcode zeigt noch einen Trick: Mit parallelen Zuweisungen wie `[x,y]=[0,0]` spart man eine Zeile, denn das Ganze ist äquivalent zu den beiden Zeilen `x=0` und `y=0`. Eine weitere Besonderheit ist, dass die Teilgerade aus denen sich die Spirale zusammensetzt, abwechselnd unterschiedlich gefärbt wird.

```
def spirale(R,PHI):
    phi=0
    r=0
    n=100 # 100 Zwischenpunkte berechnen
    [x0,y0]=[0,0]
    for i in range(100):
        phi+=PHI/n
        r+=R/n
        [x1,y1]=[r*cos(phi),r*sin(phi)]
        stueck=Zeichenfeld.createLineW(x0,y0,x1,y1)
        if i%2==0: stueck.setColor("blue")
        else: stueck.setColor("green")
        [x0,y0]=[x1,y1]
```

Kapitel 4

Aufgabe 1

Die Summe bestimmt man mit einer Variablen als Akkumulator der Werte. Bei min und max ist dagegen eine Variable einzurichten, die den besten bisher gefundenen Wert speichert. Als Startwert dafür kann man eine extrem kleine bzw. große Zahl nehmen. Im Beispiel ist das `1e100`. Python bietet aber auch eine mathematisch noch bessere Lösung: `float("inf")` liefert eine Zahl, die größer als alle anderen ist. Man könnte sie als Startwert für `M` in `mymin` (bzw. ihr Negatives in `mymax`) verwenden.

```
def mysum(L):
    summe=0
    for x in L: summe+=x
    return summe
def mymax(L):
    M=-1e100
    for x in L: if x>M: M=x
    return M
def mymin(L):
    M= float("inf")
    for x in L: if x<M: M=x
    return M
```

Aufgabe 2

Die gestellten Fragen lassen sich direkt beantworten. Für die letzte ist die Funktion `korrel` aus dem Kapitel hilfreich.

```
punkte=
[12,45,32,44,39,38,39,41,7,22,29,35,11,12,46,33,28,29,17,
21,12,23,30,25,31,15,39]
print("Es gibt ", len(punkte), "Schüler")
print("Minimum=",min(punkte),"Minimum=",max(punkte))
print("Mittelwert=",sum(punkte)/len(punkte))
for p in range(50):
    print(punkte.count(p),"Schüler haben ",
        p, " Punkte")

n30er=0
for p in range(30,40): n30er=n30er+punkte.count(p)
print(n30er," Schüler haben Punktsumme >=30 und <40")

P3A=[p+3 for p in punkte]

P3B=[]
for p in punkte: P3B.append(p+3)

P3C=[]
for p in punkte: P3C=P3C+[p+3]

P3D=[]
for i in range(len(punkte)): P3D=P3D+[punkte[i]+3]

print("Die um drei Punkte erhöhte Liste ist....")
print(P3A)
print(P3B)
print(P3C)
print(P3D)

print("Korrel. zw. Punkten und korrigierten Punkten: ",
      korrel(punkte,P3A))
```

Aufgabe 3

Die Listen [-10,-9,…,9,20] und die zugehörigen Werte der quadratischen Funktion [100,81,…,0,…, 81,100] sind nicht korreliert, sie haben keinen *linearen* Zusammenhang.

```
X=[x for x in range(-10,11)]
Y=[x**2 for x in X]
print("Korrelation bei der Parabel auf -10..10: ",
      korrel(X,Y))
```

Anders bei der kubischen Funktion auf dem gleichen Intervall:

```
Y=[x**3 for x in X]
print("Korrelation bei der kub. Parabel auf -10..10: ",
      korrel(X,Y))
```

Aufgabe4

```
def Z(): return randrange(-1,2)
```

Der theoretische Erwartungswert ist 0, die theoretische Standardabweichung ist:

```
S=math.sqrt(1/3*(-1)**2+1/3*0+1/3*1**2)
```

Damit kann eine normalverteile Variable als Summe erzeugt werden:

```
def SNV():
    n=10000
    L=[Z() for i in range(n)]
    return sum(L)/(math.sqrt(n)*S)
```

Aufgabe 5

Erster Schritt sollte die Bildung der Differenzen und ihrer Summe sein:

```
differenzen=[S1[i]-S2[i] for i in range(len(S1))]
diffSumme=sum(differenzen)
```

Die Differenzensumme ist klein und negativ (-24.8). Um das mit zufälligen Differenzsummen zu vergleichen, braucht man eine Funktion, die +1 und -1 zufällig liefert und die Differenzen mit diesen Vorzeichen versieht.

```
def PM(): # Ergibt +1 oder -1 mit Wahrscheinlichkeit 50%
    if randrange(0,2)==1: return 1
    else: return -1
def ListeMitZufaelligenVorzeichen(L):
    return [PM()*abs(x )for x in L]
```

Jetzt wird die Auslosung der Vorzeichen häufig wiederholt und jedesmal geprüft, ob sich eine (noch extremere) Differenz als die beobachtete ergibt:

```
n=50000 # 50000 Runden der Simulation
excounter=0 # Zählt, wie oft der simulierte Wert kleiner
           # als der beobachtete ist
for i in range(n):
    if sum(ListeMitZufaelligenVorzeichen(differenzen))<
```

```
        diffSumme: excounter+=1
  print("Wahrscheinlichkeit für eine so extreme Differenz ist nur ",
      excounter/n)
```

Ob die Zahl 50000 gut gewählt war, lässt sich prüfen, in dem man das Programm mehrfach ausführt und beobachtet, ob der errechnete Wert weitgehend konstant bleibt .

Kapitel 5

Aufgabe 1

Diese Aufgabe ist bei einigen Vierecken recht anspruchsvoll, weil man sich überlegen muss, durch welche Daten man die Vierecke gut beschreiben kann.
Hier werden exemplarisch drei Vierecke behandelt:
Beim Zeichnen des Parallelogramms ABCD mit parallelen Seiten AB=a=CD und BC=b=DA und Winkel α bei A hilft es, zu wissen, dass bei B der Innenwinkel 180°-α ist, so dass die Turtle bei B sich um den Winkel α drehen muss. Die Punktsymmetrie ermöglicht zudem, das Parallelogramm aus zwei kongruenten Teilen zusammenzusetzen:

```
def parallelogram(a,b,alpha):
    for i in range(2):
        forward(a)
        left(alpha)
        forward(b)
        left(180-alpha)
```

Rauten sind spezielle Parallelogramme:

```
def raute(a,alpha):
    parallelogram(a,a,alpha)
```

Deutlich schwieriger ist es, ein Trapez zu zeichnen. Geeignete Daten sind etwa die Länge von drei Seiten und ein Steigungswinkel. Es seien a und c die parallelen Seiten und β der Innenwinkel bei B, wo a und b zusammentreffen. Die Höhe h des Trapezes kann aus $\sin(\beta)=h/b$ berechnet werden. Weiter findet man $a_2=b\cdot\cos(\beta)$. Da $a_1=a-c-a_2$, hat man nun sogar genug Information über das linke Teildreieck in der Skizze, so dass der Winkel α bei A bestimmt werden kann. Aus $\tan(\alpha)=h/a_1$ bestimmt man dann auch d und diese Informationen reichen, um die Turtle auf den Weg zu schicken.

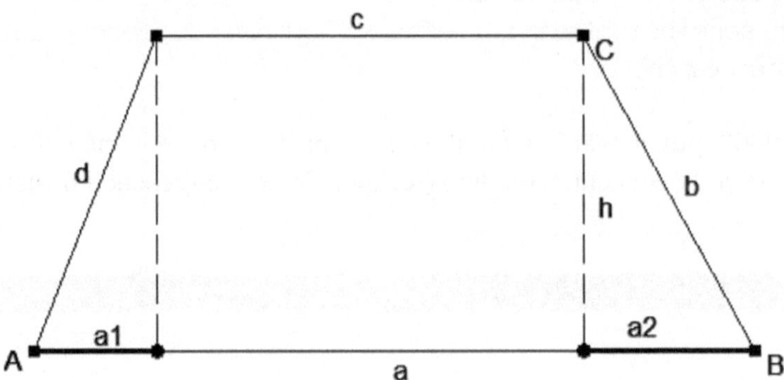

Bei der Umsetzung muss noch beachtet werden, dass die trigonometrischen Funktionen von Python Winkel im Bogenmaß verarbeiten.

```
def trapez(a,beta,b,c):
    h=b*sin(beta/180*pi)
    a1=a-b*cos(beta/180*pi)-c
    alpha=180/pi*atan(h/a1)
    d=h/sin(alpha/180*pi)
    forward(a)
    left(180-beta)
    forward(b)
    left(beta)
    forward(c)
    left(alpha)
    forward(d)
    left(180-alpha)
```

Aufgabe 2

Um einen Kreisbogen als Polygonzug zu zeichnen, gilt es die Winkel des Polygons und die Streckenlängen geeignet zu wählen. Die folgende Funktion zerlegt den zu zeichnenden Bogen in *n* Stücke. Dann hat jedes gerade Stück die Länge ein *n*-tel der gesamten Kreisbogenlänge, die vorab berechnet wird. Die Gesamtdrehung wird ebenfalls in *n* Teile zerlegt:

```
def Kreisbogen(r,alpha):
    n=50 # aus 50 Stückchen zusammensetzen
    U=2*pi*r # Umfang des Kreises
    US=U*alpha/360 #Umfang des Segmentes = Anteil am Kreis
```

```
    for i in range(n):
        forward(US/n)
        left(alpha/n)
```

Aufgabe 3

Beim Zeichnen von Funktionsgraphen muss man sich um die Umrechnung von Pixelkoordinaten in mathematische Koordinaten kümmern. Wenn beispielsweise eine Sinuskurve im Bereich von -2π bis 2π gezeichnet werden soll, sind diese Werte umzurechnen auf die Pixelkoordinaten, die sich bei einem mittelgroßen Fenster etwa von -300 bis +300 erstrecken. Die folgende Funktion rechnet dies durch Skalierung um. Der Koordinatenursprung ist fest in der Bildmitte und x- und y-Achse werden bei der Skalierung gleich behandelt. Der Programmcode hält sich an folgende Konvention: Pixelkoordinaten werden mit kleinen Buchstaben, mathematische Koordinaten mit großen Buchstaben bezeichnet.

```
def FunktPlot(f,xmax,PixelMax):
    # Zeichnet f für x=-xmax..xmax in den
    # Pixelbereich -PixelMax..PixelMax
    penup()
    goto(-PixelMax,0)
    pendown()
    seth(0) # Blick nach rechts
    for x in range(-PixelMax,PixelMax):
        X=xmax*x/PixelMax
        Y=f(X)
        goto(int(X/xmax*PixelMax),int(Y/xmax*PixelMax))

pencolor("red")
FunktPlot(sin,6.29,300)
```

Aufgabe 4

Als Beispiel eines Fraktals wird hier das Sierpinskidreieck ausgewählt. Wie die Koch-Kurve im Text kann es rekursiv gezeichnet werden. Auf Stufe 1 wird ein gleichseitiges Dreieck gezeichnet. Auf höherer Stufe *n* wird das Dreieck durch drei Sierpinskidreiecke der Stufe *n*-1, die die halbe Abmessung haben, zusammengesetzt. Die meiste Arbeit macht dabei die Buchführung, um Bewegungen der Turtle wieder rückgängig zu machen.

```
def SierpinsiDreieck(a,n): # a=Länge, n =Stufe
    if n==1: # Gleichseitiges Dreieck zeichnen
        for i in range(3):
            forward(a)
            left(120)
    if n>1:
        SierpinsiDreieck(a/2,n-1)    # Ein Dreieck…
        forward(a/2)
        SierpinsiDreieck(a/2,n-1)  # und noch eins, gleich
                                   # rechts anschließend
        penup()                      # Das dritte
                  #  Dreieck kommt oben drauf
        backward(a/4)
        left(90)
        forward(a*sqrt(3)/4)
        right(90)
        pendown()
        SierpinsiDreieck(a/2,n-1)
         # Jetzt das Dreieck zeichnen
        penup()     # und wieder zurücklaufen
        backward(a/4)
        right(90)
        forward(a*sqrt(3)/4)
        left(90)
        pendown()
```

Kapitel 6

Aufgabe 1

Mit den im Kapitel erarbeiteten Funktonen definiert man die Teilersummenfunktion als:

```
def tau(n): return sum(teiler(n))
```

Eine perfekte Zahl erkennt man mittels folgender Funktion:

```
def perfekteZahl(n): return 2*n==tau(n)
```

Damit kann man auf die Suche nach perfekten Zahlen gehen:

```
for i in range(1,1000):
    if perfekteZahl(i): print(i," ist perfekt")
```

Aufgabe 2

Die vielen Fallunterscheidungen sind gar nicht nötig:

- Wenn b=1, dann ist $a\%b$=0, d.h. in der nächsten Runde wird man das Ende am Auftreten einer Null erkennen.
- Man braucht auch nur zu prüfen, ob b==0, denn wenn a==0, dann wird im nächsten Schritt $a\%b$=0 sein.
- Schließlich braucht man nicht prüfen, welche Zahl die größere ist, denn für $a<b$ ist $a\%b=a$, so dass die Rollen vertauschet sind.

Deswegen reicht die folgende kurze Definition:

```
def ggT(a,b): # Rekursive Definition nach Euklid
    if b==0: return a
    return ggT(b,a%b)
```

Aufgabe 3

Drei- und Vierteilerzahlen erkennt man an der Länge ihrer Teilerliste:

```
def P3(n): return 3==len(teiler(n))
def P4(n): return 4==len(teiler(n))

for i in range(1,100):
    if P3(i): print(i," ist eine Dreiteilerzahl")
for i in range(1,100):
    if P4(i): print(i," ist eine Vierteilerzahl")
```

Inspektion zeigt, dass die gefundenen Dreiteilerzahlen alle Quadratzahlen sind, spezielle Quadratzahlen von Primzahlen. In der Tat hat p^2 die Teiler 1, p, und p^2.
Bei den Vierteilerzahlen gibt es zwei Typen: Kuben von Primzahlen, denn p^3 hat die Teiler $1,p,p^2,p^3$, und außerdem Produkte von zwei Primzahlen, denn pq hat die Teiler $1,p,q,pq$.
Deswegen lohnt sich kein Studium der Drei- und Vierteilerzahlen: Das Geheimnis steckt in den Primzahlen.

Aufgabe 4

Eine Funktion, die nach quadratischen Resten sucht, sollte zweierlei leisten:

1. Signalisieren, dass es sich bei der Eingabe a um einen quadratischen Rest mod n handelt.
2. Eine passende Lösung finden, also ein x mit $x^2 \equiv a$ mod n.

In solchen Situationen hat man verschiedene Möglichkeiten:

a) Man wählt einen Wert aus der Rückgabemenge aus, der signalisiert, dass es keine Lösung gibt. Hier könnte es eine negative Zahl sein, denn Lösungen können immer positiv ausgegeben werden.
b) Man gibt eine Liste zurück: »Leere Liste« bedeutet unlösbar, sonst enthält die Liste die Lösung (oder mehrere).
c) Man gibt im Falle der Unlösbarkeit einen von Python vorgesehen speziellen Wert (None) zurück.
d) Man erzeugt eine Fehlermeldung, wenn es keine Lösung gibt.

Die folgende Lösung verwendet die erste dieser Möglichkeiten:

```
def istQuadratischerRest(a,n):
    for x in range(0,n):  # Da mod n gerechnet wird, sind
                          # das alle möglichen Zahlen
        if (x*x-a)%n==0: return x # Lösung gefunden!
            return -1 # Wenn das Programm bis hierhin kommt,
                      # wurde keine Lösung gefunden.
```

Damit zählt man die quadratischen Reste auf:

```
print("Die quadratischen Reste mod 11 sind:")
for z in range(1,11):
    q= istQuadratischerRest(z,11)
    if q>=0:  print(z," ist quadratischer Rest, denn ",
                  q,"^2=",z," mod 11")
```

Kapitel 7

Aufgabe 1

Die trigonometrischen Additionstheoreme lauten $\sin(x+y)=\sin(x)\cdot\cos(y)+\cos(x)\cdot\sin(y)$ und $\cos(x+y)=\cos(x)\cdot\cos(y)-\sin(x)\cdot\sin(y)$. Sie liefern für den Tangens folgende Beziehung:

$$\tan(2x)=\frac{\sin(2x)}{\cos(2x)}=\frac{2\sin(x)\cos(x)}{\cos(x)^2-\sin(x)^2}=\frac{2\sin(x)/\cos(x)}{1-\sin(x)^2/\cos(x)^2}=2\frac{\tan(x)}{1-\tan(x)^2}$$

bzw.:

$$\tan(x)=2\frac{\tan(x/2)}{1-\tan(x/2)^2}$$

Damit kann der Betrag des Arguments solange verringert werden, bis die Approximation $\tan(x)\approx x$ für sehr kleine x ausreichend genau ist:

```
def mytan(x):
    if abs(x)<1e-8: return x
```

```
            # Denn tan(x) ist ca x für kleine x
        t=mytan(x/2)
        return 2*t/(1-t**2)
    for x in range(1,10):
               print("x= ",x," tan=",tan(x),
                      "mytan=",mytan(x),
                      "Differenz=",tan(x)-mytan(x))
```

Aufgabe 2

Ähnlich wie in Aufgabe 1 wird auch hier das Argument in Richtung auf die Stelle verändert, an der eine lineare Approximation gut ist:

```
def mylog(x):
    if abs(x-1)<1e-8: return x-1
    if x<1: return -mylog(1/x)
    w=sqrt(x) #  also x=w^2, ln(x)=2*ln(w)
    return 2*mylog(w)

for x in range(1,10):
           print("x= ",x," log=",log(x),
                  "mylog=",mylog(x),
                "Differenz=",log(x)-mylog(x))
```

Aufgabe 3

Es gibt sehr viele Arten, nach einem passenden Wert zu suchen. Die Lösung hier kombiniert eine Fallunterscheidung mit der Idee der schrittweisen Verbesserung eines Startwerts. Gegeben ist x und gesucht ist y, sodass y=asin(x) bzw. x=sin(y). Als Startwert wird y=π/4 genommen, weil dieser mitten in dem Intervall liegt – 0.. π/2 – in dem das Ergebnis bei positiven Eingaben gesucht wird.

Für den Verbesserungsschritt bieten sich verschiedene Möglichkeiten an. Da der Arcussinus monoton steigend ist, muss der Näherungswert vergrößert werden, wenn sin(y)<x und umgekehrt. Das könnte mit einer festen Schrittweite geschehen, also z.B:

```
if sin(y)<x: y=y+0.00001
else: y=y-0.00001
```

Aber damit ist die erreichbare Genauigkeit recht schlecht (die Abbruchbedingung muss entsprechend grob sein). Besser ist es, große Schritte zu machen, wenn die Differenz noch groß ist und sonst kleine. Da die Steigung des Sinus an den meisten Stellen nicht sehr weit von 1 entfernt ist, kann man Differenzen bei x- und y-Werten als ungefähr gleich groß betrachten und als einen Schritt nehmen:

```
def myasin(x): # Benutzt sin als Blackbox
    if x>1 or x<-1:
```

```
        print("Unuzulässiges Argument für myasin x=",x)
        return None
    if x<0: return -myasin(-x) # Symmetrie ausnutzen
    if x<1e-10: return x # Lineare Appoximation ist gut
    y=pi/4 # Gesucht wird y, so dass x=sin(y)
    while abs(sin(y)-x)>1e-10: # y noch nicht gefunden
        y=y-(sin(y)-x) # Verbesserung
    return y
```

Kapitel 8

Aufgabe 1

Der zweite Differenzenquotient (Differenzenquotient für die zweite Ableitung) bestimmt den gewöhnlichen Differenzenquotienten an zwei Stellen und berechnet dessen relative Änderung:

```
def ableit2(f,x):
    h=0.0000001
    d1=(f(x)-f(x-h))/h  # 1. Ableitung zwischen x-h und x
    d2=(f(x+h)-f(x))/h  # 1. Ableitung zwischen x und x+h
    return (d2-d1)/h # 2. Ableitung ist die Ableitung
                     # der Ableitung

print("sin''(0)=",ableit2(sin,0))
print("sin''(pi/2)=",ableit2(sin,pi/2))
```

Wie schon bei der ersten Ableitung ist es praktisch, dieses so vorliegen zu haben, dass aus einer Funktion eine neue Funktion entsteht:

```
def D2(f):
    def abl2(x):
        h=0.0000001
         # 1. Ableitung zwischen x-h und x
        d1=(f(x)-f(x-h))/h
         # 1. Ableitung zwischen x und x+h
        d2=(f(x+h)-f(x))/h
         # 2. Ableitung ist die Ableitung der Ableitung
        return (d2-d1)/h
    return abl2

sin2=D2(sin)
print("sin''(pi/2)=",sin2(pi/2))
```

Zur Bestimmung der Wendestelle bestimmt man die Nullstelle der zweiten Ableitung (auf einen Test mit der dritten Ableitung verzichten wir):

```
def test(x): return x*(x-1)**2
print("Wendestelle von x*(x-1)**2 möglich bei ",
      newton(D2(test),1))
```

Aufgabe 2

Hier reicht es, Teillösungen aus dem Kapitel und aus Aufgabe 1 zusammenzusetzen:

```
def Kurvendiskussion(f,a=-10,b=10):
    def f1(x): return ableitung(f,x)
    f2=D2(f)
    f3=D2(f1)
    eps=1e-8
    print("Kurvendiskussion im Intervall [",a,", ",b,"]")
    print("Nullstellen: ", nullAuto(f,a,b))
    N1=nullAuto(f1,a,b)
    for x in N1:
        if f2(x)>eps: print("Minimum bei x=",x)
        else:
            if f2(x)<-eps: print("Maximum bei x=",x)
            else: print("Waagerechte Tangente bei x=",x)
    N2=nullAuto(f2,a,b)
    for x in N2:
        if f3(x)>eps: print("Wendepunkt R->L x=",x)
        else:
            if f3(x)<-eps: print("Wendepunkt L->R x=",x)
            else: print("Flachstelle bei x=",x)

Kurvendiskussion(sin)
```

Aufgabe 3

An Unstetigkeitsstellen ist die Funktion nicht differenzierbar. Man kann also nach Stellen suchen, an denen die Ableitung sehr groß wird. Dabei gibt es zwei Fehlertypen. Erstens: Eine Unstetigkeitsstelle wird übersehen, weil man nicht nah genug bei dieser getestet hat. Zweitens: Eine stetige Stelle mit starker Variation wird fälschlicherweise für eine Unstetigkeitsstelle gehalten. Trotzdem ist das Ganze nützlich.

```
def unstetig(f,a,b):
    stellen=[]
    n=10000
    M=1000000
```

```
    def f1(x): return ableitung(f,x)
    step=(b-a)/n
    x=a
    while x<=b:
        if abs(f1(x))>M: stellen.append(x)
        x+=step
    return stellen

print("Mögliche Unstetigkeitsstellen des Tangens: ",
      unstetig(tan,-10,10))
print("Mögliche Unstetigkeitsstellen von 1/(2-x): ",
      unstetig(lambda x: 1/(2-x),-10,10))
```

In der letzten Zeile wurde mit `lambda` vermieden, die Funktion mit `def f(x): return 1/(2-x)` definieren zu müssen (siehe Anhang zu Lambda).

Unschön ist, dass es zu einer unkontrollierten Fehlermeldung kommt, falls die Berechnung der Funktionswerte an einer Stelle scheitert. Das könnte man mit dem try-except-Konstrukt verbessern.

Kapitel 9

Aufgabe 1

Die mathematische Beschreibung muss letztlich nur übersetzt werden.

```
def nsolve(gleichungen,startwert): # Gleichungen ist
        # Liste von Funktionen, die alle Null sein müssen
    def f(x): return sum([g(x)**2 for g in gleichungen])
    return miniparN(f,startwert)

def kreis(x): return (x[0]-1)**2+x[1]**2-9
      # Kreis r=3, MP(1|0)
def parabel(x): return x[1]**2-x[0]
      # nach rechts geöffnete Normalparabel

print("Schnittpunkt ",nsolve([kreis,parabel],[1,1]))
print("Schnittpunkt ",nsolve([kreis,parabel],[1,-1]))
```

Aufgabe 2

Die Beschreibung kann mit Hilfe der im Kapitel erarbeiteten Funktionen für den Gradienten und den Betrag eines Vektors: übertragen werden:

```
def solveSimpel(gList,x):
    maxiter=10000
```

```
    daempfung=0.5
    while maxiter>0:
        maxiter+=-1
        for g in gList: #
            gr=grad(g,x)
            t=-g(x)/vbetrag(gr)**2
            for i in range(len(x)):
                x[i]+=t*gr[i]*daempfung
    return x
```

Aufgabe 3

Um die Berechnung zu beschleunigen, wird als erstes eine schnellere (aber ungenauere) Variante der Integration definiert:

```
def integral(f,a,b,n=100):
  delta=(b-a)/n # Streifenbreite
  s=0.0         # Summe
  for i in range(n):
    s=s+0.5*(f(a+i*delta)+f(a+(i+1)*delta))*delta
  return s
```

Hier folgen das Taylorpolynom und ein allgemeines Polynom dritten Grades, bei dem man eine Liste der Parameter übergeben muss.

```
def sintaylor3(x): return x-x**3/6
def poly3(paras,x):
    # paras sind die Parameter eines kubischen Polynoms
    [a,b,c,d]=paras
    return a*x**3+b*x**2+c*x+d
```

Die quadrierte Differenz dieser Funktionen wird integriert und bildet so die zu minimierende Größe:

```
def quadratFehler(paras):
    def f(x): return (sin(x)-poly3(paras,x))**2
    return integral(f,0,pi)

optPar=miniparN(quadratFehler,[0,0,0,0])

print("optimal passendes Polynom sin(x)=",
  optPar[0],"*x³+",optPar[1],"*x²+",optPar[2],
  "*x+",optPar[3])

for x in range(1,4):
    print("x=",x," sin=",sin(x),"
taylor3=",sintaylor3(x),
          " optPoly=",poly3(optPar,x))
```

Kapitel 10

Aufgabe 1

Es ist sinnvoll, beim Zusammenbauen eines Bruchs aus Zähler und Nenner die Datentypen gleich auf ganze Zahlen zu setzen und ggf. zu kürzen:

```
def ggT(a,b):
    if b==0: return a
    return ggT(b, a%b)

def Bruch(z,n):
    z=int(z)
    n=int(n)
    t=ggT(z,n)
    return [z/t,n/t]

def Z(bruch): return bruch[0]
def N(bruch): return bruch[1]

def printBruch(bruch): print(bruch2str(bruch))
def bruch2str(bruch):
    return "("+str(int(Z(bruch)))+"/"+
               str(int(N(bruch)))+")"

def add(a,b): return Bruch(Z(a)*N(b)+Z(b)*N(a),N(a)*N(b))
def sub(a,b): return Bruch(Z(a)*N(b)-Z(b)*N(a),N(a)*N(b))
def mul(a,b): return Bruch(Z(a)*Z(b),N(a)*N(b))
def div(a,b): return Bruch(Z(a)*N(b),N(a)*Z(b))

a=Bruch(7,12)
b=Bruch(19,14)
print(bruch2str(a),"+",bruch2str(b),"=",bruch2str(add(a,b
)))
print(bruch2str(a),"*",bruch2str(b),"=",bruch2str(mul(a,b
)))
print(bruch2str(a),":",bruch2str(b),"=",bruch2str(div(a,b
)))
```

Aufgabe 2

Eine wesentliche Entscheidung ist die, in welcher Reihenfolge man die Koeffizienten speichert: Soll $3x^2+4x+5$ als [3,4,5] oder [5,4,3] gespeichert werden? Auch wenn die

zweite Form ungewohnt wirkt, hat sie hat den Vorteil, dass der Koeffizient von x^i an i-ter Stelle steht.
Als Koeffizientenliste lassen sich Polynome schlecht lesen. Etwas schöner – wenn auch noch verbesserungsfähig – ist folgende Darstellung als Zeichenkette:

```
def polyStr(p):
    s=""
    for i in range(len(p)):
        s=s+str(p[-i-1])+"*x^"+str(len(p)-i-1)
        if i<len(p)-1: s=s+"+"
    return s
```

Der Grad eines Polynoms ist um den Betrag Eins kleiner als die Länge der Koeffizientenliste. Bei der Addition oder Subtraktion kann es sein, dass sich der höchste Term weghebt und dann hätte man ein Polynom wie [1,2,3,0], also $1+2x+3x^2+0x^3$, das auf den ersten Blick wie ein Polynom dritten Grades aussieht. Die Lösung ist, Nullen von rechts her aus den Listen zu entfernen:

```
def bereinige(p): # Entfernt Nullen am Ende
    if p==[]: return p
    if p[-1]==0 or p[-1]==0.0: return bereinige(p[:-1])
    return p
```

Addition (und analog Subtraktion) sind unproblematisch, allerdings muss man im Falle ungleicher Grade bei einem Polynom Nullen für die höheren, nicht besetzten Grade anhängen.

```
def polyAdd(p,q):
    if len(p)<len(q): p=p+[0]*(len(q)-len(p))
    if len(p)>len(q): q=q+[0]*(len(p)-len(q))
    return bereinige([p[i]+q[i] for i in range(len(p))])
```

Beim Multiplizieren gilt, dass jeder Term des einen Polynoms mit jedem des anderen multipliziert wird. Die Grade addieren sich dabei:

```
def polyMul(p,q):
    res=[0]*(len(p)+len(q)-1)
    for i in range(len(p)):
        for j in range(len(q)):
            res[i+j]+=p[i]*q[j]
    return res
```

Die meiste Arbeit bereitet die Division: Man dividiert die höchsten Potenzen und zieht vom Dividenden das entsprechende Produkt ab:

```
def polyDiv(p,q):
    quotient=[] # entspricht 0
```

```
    while True:
        if len(p)<len(q): return [quotient,p]
                                    # Quotient und Rest p
        qu=[0]*(len(p)-len(q)+1)
        qu[-1]=p[-1]/q[-1]
        p=polySub(p,polyMul(qu,q))
        quotient=polyAdd(quotient,qu)
```

Aufgabe 3

Bei dieser Aufgabe kann man das modulare Zusammensetzen der Bausteine gut nachvollziehen. Mühsam wird die Aufgabe vor allem, weil man die übliche mathematische Notation übersetzen muss.

```
def vadd(a,b): return [ x+y for (x,y) in zip(a,b) ]
def vsub(a,b): return [ x-y for (x,y) in zip(a,b) ]
def smul(s,a): return [ s*x for x in a ]
def skalarProdukt(a,b):
     return sum([ x*y for (x,y) in zip(a,b) ])
def norm(v): return sqrt(skalarProdukt(v,v))
def kreuzProdukt(a,b):
     return [a[1]*b[2]-a[2]*b[1],
             -(a[0]*b[2]-a[2]*b[0]),
             a[0]*b[1]-a[1]*b[0]]
def schnittGE(A,u,nv,d):
    # Schnitt von A+t*u u. Ebene x.nv=d
    # (A+t*u).nv=d, also  A.nv+t*u.nv=d
    t=(d-skalarProdukt(A,nv))/skalarProdukt(u,nv)
    return vadd(A,smul(t,u))
def abstandPP(P,Q): return norm(vsub(P,Q))
def abstandPE(P,nv,d): # Abstand zur Ebene nv.x=d
    return abstandPP(P,projeziere(P,nv,d))
def abstandPG(P,A,u):
     # Abstand von P von der Geraden A+t*u
     # (P-A-t*u).u=0 d.h. (P-A).u-t*u.u=0
     # d.h. t=(P-A).u/norm(u)^2
    t=skalarProdukt(vsub(P,A),u)/norm(u)**2
    return abstandPP(P,vadd(A,smul(t,u)))
def projeziere(P,nv,d):
     # Projeziere P auf die Ebene nv.x=d
    s=(d-skalarProdukt(nv,P))/norm(nv)**2
     # (P+s*nv).nv=d nach s aufgelöst
    return vadd(P,smul(s,nv))
```

```
def HesseForm(U,u,v):
     # Hesse-Form aus Aufpunkt und Richtungsvektoren
     n=kreuzProdukt(u,v)
     n=smul(1/norm(n),n) # Einheitsvektor
     return [n,skalarProdukt(n,U)]
def abstandGG(A,u,B,v): # Geraden A+s*u, B+t*v
     k=kreuzProdukt(u,v)
     [n,d]=HesseForm(A,u,k)
     S=schnittGE(B,v,n,d)
     return abstandPG(S,A,u)

print("Schnitt von [1,1,1]+t*[2,0,0] u. [1,1,1].x=10 ist:",
       schnittGE([1,1,1],[2,0,0],[1,1,1],10))
print("Projektion von [1,0,0] auf [1,1,1].x=10 ist:",
       projeziere([1,0,0],[1,1,1],10))
[n,d]=HesseForm([1,2,3],[8,1,1],[2,0,0])
print("HesseForm von [1,2,3]+t*[8,1,1]+u*[2,0,0] ist ",
       n,".x=",d)
print("Abstand von [1,1,1] von [2,0,0]+t*[1,0,0] ist",
       abstandPG([1,1,1],[2,0,0],[1,0,0]))
print("Abstd. von [1,1,1]+u*[3,2,1] u. [2,0,0]+t*[1,0,0] ist",
       abstandGG([1,1,1],[3,2,1],[2,0,0],[1,0,0]))
```

Aufgabe 5

Zentrale Überlegung bei der Intervallarithmetik ist die Frage, was der kleinste oder größte denkbare Wert ist, der entstehen kann. Bei der Addition ist das einfach: Die Summe liegt zwischen der Summe der Untergrenzen und der Summe der Obergrenzen. Beim Kehrwert drehen sich die Rollen von Ober- und Untergrenze um – und zwar sowohl wenn beide Grenzen negativ sind, als auch wenn beide positiv sind. Der dritte Fall, dass das Intervall 0 enthält, sollte eigentlich nicht vorkommen! Die Multiplikation ist etwas kniffelig, aber letztlich erstaunlich kompakt hinzuschreiben.

```
def iadd(A,B): return  [A[0]+B[0],A[1]+B[1]]
def isub(A,B): return  iadd(A,iminus(B))
def iminus(A): return [-A[1],-A[0]]
def imult(A,B):
    [a,b]=A
    [c,d]=B
    return [min (a*c, a*d, b*c, b*d),
            max (a*c, a*d, b*c, b*d)]
```

```
def iinv(A): return [1.0/A[1],1.0/A[0]]
def idiv(A,B): return imult(A,iinv(B))
def isqr(A): return imult(A,A)
def isin(x,A): return A[0]<=x and x <=A[1] # liegt x in A?

a=[2,2.01]
b=[8,8.01]
print("Intervallarithmetik: ",a,"*",b,"=",imult(a,b))
print("Intervallarithmetik: ",b,"/",a,"=",idiv(b,a))

def Heron(A,x=[]):
    if x==[]: x=A
    c=10
    while c>0:
        c=c-1
        print(x)
        x=smul(0.5,iadd(x,idiv(A,x)))
        if isin(0,isub(A,isqr(x))): return x
    return x

print("Heron mit Startintervall [3.9999,4.0001] liefert ",
     Heron([3.9999,4.0001]))
```

Kapitel 11

Aufgabe 1

Die Aufgabe besteht hier vor allem darin, die Koordinaten der Eckpunkte der Figur zu finden und durch geeignete Strecken zu verbinden.

```
# Das Grundquadrat
cylinder(pos=(5,5,5),axis=(2,0,0),color=color.green,
  radius=0.1)
cylinder(pos=(7,5,5),axis=(0,0,2),color=color.green,
  radius=0.1)
cylinder(pos=(7,5,7),axis=(-2,0,0),color=color.green,
  radius=0.1)
cylinder(pos=(5,5,7),axis=(0,0,-2),color=color.green,
  radius=0.1)
# und die Spitze
cylinder(pos=(5,5,5),axis=(1,1,1),color=color.green,
  radius=0.1)
cylinder(pos=(7,5,5),axis=(-1,1,1),color=color.green,
```

```
    radius=0.1)
  cylinder(pos=(7,5,7),axis=(-1,1,-1),color=color.green,
    radius=0.1)
  cylinder(pos=(5,5,7),axis=(1,1,-1),color=color.green,
    radius=0.1)
```

Aufgabe 2

In einer Animationsschleife wird ein Punkt bewegt, die Verbindungsstrecke zu einem festen Punkt gezeichnet und der berechnete Abstand mithilfe eines Labels dargestellt.

```
# Gerade als Strecke von A nach B
A=vector(-7,2,-1)
B=vector(8,1,5)
gerade=cylinder(pos=A,axis=B-A,color=color.red,
radius=0.2)
# Ein fester Punkt P
P=sphere(pos=(1,8,1),radis=0.5,color=color.blue)

# Die Verbindungsstrecke und ein Punkt S, der auf der
Geraden wandern wird
verbindung=cylinder(pos=A,axis=P.pos-A,
                         color=color.green,radius=0.2)
S=sphere(pos=A,radis=0.2,color=color.white)
# Ein Label zum Anzeigen der Distanz
L=label(pos=(0,0.25,0),text="")

n=100
for i in range(n):
    rate(20)
    S.pos=A+(B-A)*i/n
    verbindung.pos=S.pos
    verbindung.axis=P.pos-S.pos
    L.pos=(S.pos+P.pos)/2
    d=mag(S.pos-P.pos)
    d=int(100*d)/100.0
    L.text=str(d)
```

Kapitel 12

Bei den Aufgaben zu diesem Kapitel wird davon ausgegangen, dass eine `bitmap` mit `n×n` Pixeln wie in den Beispielprogrammen im Kapitel erzeugt wurde.

Aufgabe 1

Steile Linien werden von der im Text angegebenen Funktion `zeichneLinie1` nur dünn gepunktet wiedergegeben, weil die Schleife über die Differenz der x-Werte läuft. Bei vertikalen Linien würde also überhaupt nur ein Punkt gezeichnet. Eine Fallunterscheidung gemäß der Steigung der Strecke schafft Abhilfe:

```
def zeichneLinie(x1,y1,x2,y2):
    m=(y2-y1)/(x2-x1) # Steigung
    b=y1-m*x1 # Achsenabschnitt y-m*x=b
    if abs(m)<=1: # y-Bereich kleiner als x-Bereich
        for x in range(x1,x2):
            y=int(m*x+b)
            bitmap.setPixel(x,y,0) # Setze auf schwarz
    else:
        for y in range(y1,y2):
            x=int((y-b)/m)
            bitmap.setPixel(x,y,0) # Setze auf schwarz
```

Aufgabe 2

Beim Zeichnen von Linien kann grundsätzlich zwischen zwei Wegen unterschieden werden: Bei parametrischen Darstellungen werden die Koordinaten der zu setzenden Pixel aus einer Laufvariablen (Parameter) berechnet, bei direkten Darstellungen ist eine der Koordinaten selbst die Laufvariable. Hier folgen Beispiele für beide Möglichkeiten:

```
def Ellipse(xm,ym,ra,rb):
    for alpha in range(360):
        x=xm+ra*cos(alpha/180*pi)
        y=ym+rb*sin(alpha/180*pi)
        bitmap.setPixel(x,y,0)
Ellipse(30,50,10,20)

def Parabel():
    for x in range(n): bitmap.setPixel(x,x*x/100,100)
Parabel()
```

Aufgabe 3

Die Julia-Menge J_c mit einem komplexen Parameter c ist definiert als die Menge der komplexen Zahlen $z=x+iy$, für die die Iteration $z \rightarrow z^2+c$ beschränkt bleibt. Die Entscheidung, ob eine solche Folge beschränkt ist, ersetzt man ganz pragmatisch durch diejenige, ob nach einer bestimmten Anzahl von Iterationen der Betrag schon eine Grenze überschritten hat.

```
c=[0,0.5]
```

```
for ix in range(n):
    for iy in range(n):
        x=(ix-n/2)/50
        y=(iy-n/2)/50
        counter=50
        grenze=20
        while counter>0 and sqrt(x**2+y**2)<grenze:
            counter+=-1
            # (x+iy)=(x+iy)^2+c=x^2-y^2+2ixy+c
            [x,y]=[x**2-y**2+c[0],2*x*y+c[1]]
        if sqrt(x**2+y**2)<grenze:
            bitmap.setPixel(ix,iy,100)
```

Aufgabe 4

Die Bestimmung des Helligkeitsmittelwertes (Bildhelligkeit) erfordert einen Summationslauf über alle Pixel. Danach kann die quadratische Abweichung von diesem Mittelwert bestimmt werden – das ergibt die Varianz.

```
Summe=0
for ix in range(bitmap2.getWidth()):
    for iy in range(bitmap2.getHeight()):
        Summe+=bitmap1.getPixel(ix,iy)
Mittelwert=Summe/(bitmap2.getWidth()*bitmap2.getHeight())
Summe=0
for ix in range(bitmap2.getWidth()):
    for iy in range(bitmap2.getHeight()):
        Summe+=(bitmap1.getPixel(ix,iy)-Mittelwert)**2
Stdabw=sqrt(Summe/(bitmap2.getWidth()*bitmap2.getHeight()
))
```

Aufgabe 5

Als Beispiel dient eine Rotation. Der Rahmen ist genau wie bei den anderen Programmen.

```
alpha=30/180.0*pi
for ix in range(bitmap1.getWidth()):
    for iy in range(bitmap1.getHeight()):
        rgb=bitmap1.getPixelRGB(ix,iy)
        x=cos(alpha)*ix+sin(alpha)*iy
        y=-sin(alpha)*ix+cos(alpha)*iy
        bitmap3.setPixelRGB(x,y,rgb,False)
```

Aufgabe 6

Das Folgende zeigt, welche Abbildung hinter dem komplexen Quadrieren steckt. Die Pixelkoordinaten des Bildschirms werden in Koordinaten der komplexen Zahlenebene x=-5..5, y=-5..5 umgerechnet, dann wird quadriert, zurürckgerechnet und dargestellt:

```
[w,h]=[ bitmap1.getWidth(),bitmap1.getHeight()]
for ix in range(w):
    for iy in range(h):
        rgb=bitmap1.getPixelRGB(ix,iy)
        x=5.0*(ix-w/2)/w
        y=5.0*(h()/2-iy)/h
        z=complex(x,y)
        #Z=cmath.sqrt(z)
        Z=z**2
        X=(Z.real+5.0)/10.0*w
        Y=(-Z.imag+5.0)/10.0*h
        bitmap4.setPixelRGB(X,Y,rgb,False)
```

Kapitel 14

Aufgabe 1

Um die Korrelation statt des euklidischen Abstandes als Maß zu verwenden, muss man nur die `abstand`-Funktion entsprechend umdefinieren und dabei bedenken, dass bei der Korrelation große Werte für ähnliche Daten, also kleinere Abstände stehen.
Bei der Korrelation können auch Daten mit unterschiedlich großen Werten als nahezu gleich betrachtet werden, wenn ihr Profil übereinstimmt. Deswegen ist die Korrelation immer dann besser, wenn es auf die relativen Gewichtungen der einzelnen Zahlen ankommt, nicht auf die absolute Höhe.

```
def abstand(p,q): return 1-korrel(p,q)
def korrel(a,b):
    ma=sum(a)/len(a)   # Mittelwerte berechnen und abziehen
    mb=sum(b)/len(b)
    a=[x-ma for x in a]
    b=[y-mb for y in b]
    va=sum([x**2 for x in a]) # Varianzen berechnen
    vb=sum([y**2 for y in b])
    if va>0: a=[x/sqrt(va) for x in a]
    if vb>0: b=[y/sqrt(vb) for y in b]
    return sum([a[i]*b[i] for i in range(len(a))])
```

Literatur

A. Ekenstam, K. Greger: Programming and Understanding of Variables. Journal für Mathematikdidaktik 10 (1989) 2, 99-121.

A. Engel: Elementary Mathematics from an algorithmic standpoint. Klett, Stuttgart 1974.

A. Engel: Exploring Mathematics with your Computer. MAA 1993.

M. Gieding: Programming by Example–Überlegungen zu Grundlagen einer Didaktik der Tabellenkalkulation. Mathematica Didactica 2003, 42-72.

M. K. Heid, G. W. Blume: Research on Technology and the Teaching and Learning of Mathematics. Bände I und II, NCTM, IAP, Charlotte 2008.

J. Hromkovic: Einführung in die Programmierung mit LOGO. Vieweg+Teubner, Wiesbaden 2010.

P. Hubwieser: Didaktik der Informatik. Springer, Berlin 2007.

E. Lehmann: Mathematiklehren mit CAS-Bausteinen. Franzbecker 2002.

J. Meyer: Ein einfacher Zugang zu nichtparametrischen Tests. In: J. Meyer, R. Oldenburg: ISTRON Band 9. Franzbecker, Hildesheim 2006.

J. Meyer, R. Oldenburg: ISTRON Band 9. Franzbecker, Hildesheim 2006.

R. Oldenburg: On an analogy between Spreadsheets and Dynamic Geometry Environments. Journal on Teaching Mathematics and Computer Science, 6/2 (2008), 281-288.

R. Oldenburg: Ein Bild zerfließt. Mathematik lehren, 157 (2009), 56-59.

R. Oldenburg: Was kosten Ferienhäuser? MNU (2009).

A. Pallack: Experimentieren mit eingesperrten Rechtecken und anderen Figuren. Praxis der Mathematik Heft 23 (2008), 21-24.

W. H.Press et al.: Numerical Recipes. Cambridge University Press, Cambridge, 2007.

J. Sajaniemi: An Empirical Analysis of Roles of Variables in Novice-Level Procedural Programs. Proceedings of IEEE 2002 Symposia on Human Centric Computing Languages and Environments (HCC'02), Arlington, VA, September 2002. IEEE Computer Society, 37-39.

T. Segaran: Kollektive Intelligenz. O'Reilly 2009.

D. Tall, M. Thomas: Encouraging Versatile Thinking in Algebra using the Computer, Educational Studies in Mathematics, 22 2 (1991), 125-147.

U.-P. Tietze, M. Klika, H. Wolpers: Mathematikunterricht in der Sekundarstufe II, Band 1. Vieweg, Braunschweig 2000.

M. Weigend: Objektorientierte Programmierung mit Python. MITP 2010.

Index